위대한 **과학자**들의
Great scientists'

위대한 **실수**
Great mistake

이 무 현 지음

KYOWOOSA
教友社

머리말

인류의 과학 발전의 역사는 실수들로 점철되어 있다. 기존의 틀을 벗어나 새로운 과학적 진리를 발견하려는 노력은 실수를 낳게 마련이다. 프톨레미Ptolemy는 지구의 공전 궤도를 최초로 발견하였지만, 그는 자신이 지동설을 발견하였음을 미처 깨닫지 못하였으며, 오히려 천동설의 아버지라고 추앙받았다. 서양의 화학자들은 연소 현상을 거꾸로 해석하여 플로지스톤이라는 가상의 원소를 고안해냈으며, 천문학자들은 에테르라는 (실제로는 존재하지 않는) 원소를 발견하려는 노력을 수천 년 동안 계속해 왔다.

인류 역사상 가장 위대한 과학자들로 손꼽히는 갈릴레오Galileo Galilei, 뉴턴Isaac Newton, 아인슈타인Albert Einstein도 많은 시행착오와 실수를 겪어야 했다. 갈릴레오는 밀물, 썰물에 집착한 나머지 종교 재판에 회부되어 곤욕을 겪어야 했다. 뉴턴은 만유인력 이론을 완성하였지만, 정작 자신의 이론을 사용하여 혜성의 궤도를 구하려는 시도는 실패로 끝나고 말았다. 아인슈타인은 우주가 팽창하고 있음을 알지 못해서, 우주상수라는 일생일대의 실수를 범하고 말았다.

이러한 과학적 실수들은 옛날에 국한된 것이 아니다. 최근에도 상온 핵융합, 빛보다 더 빨리 움직인 소립자, 인 대신에 비소로서

DNA를 구성한 박테리아 등등 어처구니없는 실수들이 과학계를 떠들썩하게 만들었다. 이것들은 물론 단순한 실수로 끝날 수도 있지만, 이러한 시도와 노력 속에서 뜻밖의 위대한 과학적 발견이 이루어질 수 있다.

아인슈타인은 "실수를 전혀 하지 않은 사람은 새로운 것을 전혀 시도해 보지 않은 것이다."라고 말하였다. 아인슈타인의 라이벌인 보어Niels Bohr는 "전문가란 매우 좁은 어느 분야에서 나올 수 있는 모든 실수를 범한 사람이다."라고 말하였다. "당신이 실수를 하지 않는다면, 당신은 충분히 어려운 문제를 다루지 않고 있는 것이다. 그것은 매우 큰 실수이다."라는 말도 있다.

독자 여러분들도 너무 쉬운 일에 안주하지 말고, 기존의 한계를 벗어나려는 과감한 시도를 해 보기 바란다. 그러한 노력은 물론 많은 실수를 낳게 마련이지만, 실수와 시행착오를 두려워하지 않는 용감한 탐험가만이 위대한 과학적 신대륙을 발견할 수 있다.

2013년 5월

지은이 이무현 씀

차 례

일식을 정확하게 예측한 탈레스

탈레스Thales(B.C. 624~B.C. 546)는 고대 그리스의 철학자이다. 그는 고대 그리스의 7대 현인 중의 한 명이며, 서양 철학의 원조로 간주된다. 그 이전의 사람들은 신화와 미신으로 모든 자연 현상들을 설명하였지만, 탈레스는 미신을 배제하고 이성과 합리적인 설명으로 자연 현상을 해석한 최초의 학자였다.

탈레스는 세상 만물을 구성하는 기본 물질은 물이라고 주장하였다. 이것은 물론 틀린 주장이지만, 이 세계의 존재와 그 궁극적인 구성 물질, 변화 등을 미신의 도움 없이 합리적인 이성으로서 설명하려는 그의 노력은 후대 그리스 철학자들에게 지대한 영향을 끼쳤으며, 그런 면에서 탈레스는 과학 혁명의 핵심 사상을 낳은 것이다.

탈레스는 기하학 분야에도 여러 가지 중요한 결과를 낳았다. 그는 연역적 추론을 기하학에 최초로 적용하였으며, 가정들을 바탕으로 하여 증명을 끌어내는 방법을 시도하였다. 그는 닮은꼴 삼각형들의 비례에 대한 탈레스의 정리를 만들었으며, 비례를 이용한 실용 문제 해결로도 유명하다. 탈레스가 이집트 피라미드의 높이를 측정하기 위해서, 막대를 수직으로 세워 그 그림자와 막대의 높이 비율을 이용해서 구했다는 유명한 일화가 있다.

탈레스는 특히 천문학 분야에서 중요한 결과를 많이 얻었다. 그 당시 그리스 선원들은 항해를 할 때 큰곰자리를 나침반 삼아 방향을 판단하였지만, 탈레스는 작은곰자리가 더욱 정확하게 북쪽을 가리킴을 밝혔다. 그 이후 선원들은 작은곰자리를 기준으로 방향을 판단하여서, 항해를 더욱 정확하게 할 수 있게 되었다.

탈레스는 또한 하지, 동지의 날짜를 계산하였다. 하지, 동지의 날짜를 밝히는 것은 일 년의 길이를 확정하고 달력을 만들기 위해서 꼭 필요하다. 하지, 동지를 구하기 위해서는 태양의 움직임을 정확하게 판단해야 하는데, 이는 매우 어려운 일이다. 그로부터 700년 후의 위대한 천문학자인 프톨레미Ptolemy조차 그 측정의 어려움을 토로한 바 있다. 탈레스가 하지, 동지를 구하였다는 것은, 그의 관측이 매우 정밀하였음을 보여 준다.

이러한 관측에는 각도, 비율 등등 기하학 이론이 필요한데, 천문학 관측을 통해서 탈레스의 기하학이 더욱 발전하였음은 물론이다. 탈레스의 천체 관측이 매우 정밀하였음을 보여 주는 일화로서, 그는 서기전 585년 5월에 있었던 일식을 정확하게 예언하였다고 한다.

탈레스는 말년에 태양의 공전 궤도와 비교한 태양의 크기, 그리고 달의 공전 궤도와 비교한 달의 크기를 계산하였다. 그러나 오늘날의 과학으로 판단해 보면, 그가 말한 태양의 공전 궤도는 사실 지구의 공전 궤도일 것이다. 그리고 그 계산 값은 그다지 정확하지 않았다.

탈레스는 어느 날 천체 관측에 몰두하며 걸어가다가, 그만 실수로 우물에 빠지고 말았다. 다행히 탈레스는 무사히 구조되었지만, 하늘에서 일어나는 일은 훤히 잘 아시는 양반이 바로 발밑에 우물이 있는 것은 몰랐느냐는 핀잔을 들어야 했다.

무리수에 놀란 피타고라스

피타고라스Pythagoras(B.C. 570~B.C. 495)는 고대 그리스의 수학자이다. 그는 사모스 섬에서 태어났으며, 젊은 시절에 이집트, 아랍, 페니키아, 유대, 바빌론 심지어 인도에 이르기까지 매우 광대한 지역을 여행하였다고 한다. 그는 당시 세계의 모든 지식을 섭렵하려는 듯 배움을 찾아 여행을 하였으며, 특히 종교적 신비주의에 심취하였다고 한다. 이집트에서는 사제들에게서 수학을 배웠다고 한다.

피타고라스는 그 이후 이탈리아 남부 크로톤에 정착하여서, 자신을 따르는 소수 무리들과 종교적, 정치적 이념과 수학적 지식을 공유하는 비밀 단체를 만들었다. 이들은 그들의 지식을 외부로 누설하는 것을 금기시하였다. 피타고라스는 "만물은 수로 이루어져 있다."라는 말을 할 만큼, 수에 대한 연구에 몰두하였다.

피타고라스는 직각삼각형의 빗변으로 만든 정사각형의 넓이는 나머지 두 변들로 만든 정사각형들의 넓이의 합과 같다는, 피타고라스의 정리를 발견한 것으로 유명하다. 그는 아마 변의 길이 비율이 3, 4, 5인 직각삼형을 관찰하였거나 또는 직각이등변삼각형을 관찰하여서 이 정리를 얻은 것 같다. 그는 비율을 사용하여서 이 정리를 증명한 것으로 추정된다.

피타고라스가 자신의 이름이 붙은 이 정리를 발견하였을 때, 그는 너무 기뻐서 황소를 제물로 바치며 신에게 감사의 예배를 드렸다고 한다. 그러나 그의 발견은 곧 엄청난 재앙이 되어 그를 괴롭혔다. 두 변의 길이가 각각 1인 직각이등변삼각형을 생각해 보면, 그 빗변으로 만든 정사각형은 넓이가 2이다. 그렇다면 빗변의 길이는 얼마인가?

당시 피타고라스가 알고 있던 '수'는 정수들의 비율로써 표현할 수 있는 수, 즉 유리수들뿐이었다. 그런데 이 빗변은 정수들의 비율로써 표현할 수 없음을 간단하게 증명할 수 있다. 즉, 이 빗변은 '수'가 아닌, 정체를 알 수 없는 괴물인 것이다. 피타고라스가 받은 충격은 이루 말할 수 없을 정도였다. 자신이 발견한 놀라운 정리에 기뻐하며 황소를 제물로 바치기까지 하였는데, 그 놀라운 정리는 정체를 알 수 없는 괴물을 낳은 것이다.

피타고라스로서는 이 문제를 해결할 길이 없었다. 다만, 괴물이 바깥세상으로 탈출하지 못하도록, 자신을 따르는 무리들을 철저하게 입단속을 하는 것이 전부였다. 그러나 그들 중 어느 한 명이 이 놀라운 발견을 외부로 누설하였으며, 이 배반자는 물에 빠트려 익사하는 벌을 받았다고 한다.

피타고라스가 무리수의 발견에 놀란 것은 당연하지만, 그것을 터부로 여기고 덮어두려 한 것은 큰 실수라고 하겠다. 그 놀라운 발견을 기뻐하며 연구하려 들었다면, 그는 더욱 많은 업적을 남길 수 있었을 것이다.

크로톤은 그 후 다른 도시들과 전쟁이 벌어져 극심한 혼란을 겪었다. 그 이전부터 피타고라스 무리의 배타성에 반감을 지니고 있던 일부 정적들과 시민들은 그 혼란을 틈타 피타고라스 무리를 공격하였다. 피타고라스는 간신히 살아서 도망칠 수 있었지만, 그를 따르던 많은 추종자들이 희생되었다.

진공을 싫어한 아리스토텔레스

아리스토텔레스Aristoteles(B.C. 384~B.C. 322)는 고대 그리스의 철학자로서, 플라톤의 제자였으며, 알렉산더 대왕의 스승이었다. 아리스토텔레스는 서양 철학의 아버지이며, 역사상 가장 위대한 철학자로 간주된다.

아리스토텔레스의 저술은 가히 백과사전이라 할 수 있을 정도로, 당시의 모든 지식 분야를 망라하고 있다. 철학은 물론이고, 윤리학, 논리학, 정치, 형이상학, 물리학, 생물학 등등 광범위한 분야를 다루어 놓았다. 그가 행한 동물의 해부 관련 일부 지식은 19세기에 이르러 비로소 확인이 되었을 정도로, 시대를 앞선 과학자이기도 하였다.

그러나 자연과학 분야에서 그가 내린 결론들은 틀린 것이 많았다. 아리스토텔레스는 해부의 경험을 바탕으로, 신체에서 감정의 느낌과 지식의 중심이 되는 장기는 심장이라고 주장하였다. 그리고 그는 생명체가 부모, 조상 없이 저절로 생겨날 수 있다고 주장하였다. 생명체의 자연발생 이론은 그 이후 오랜 세월 유지되었으며, 19

세기 후반 파스퇴르Louis Pasteur의 실험을 통해서 비로소 틀렸음이 완벽하게 밝혀졌다.

물체의 낙하 운동에 관해서, 아리스토텔레스는 "물체는 그 무게에 비례하여 떨어진다."고 주장하였다. 즉, 무게가 1근인 돌멩이가 1미터를 떨어지는 동안, 무게 10근인 돌덩어리는 10미터를 떨어지고, 무게 100근인 바위는 100미터를 떨어진다는 것이다. 그렇다면 무게 10근인 돌덩어리와 무게 100근인 바위를 묶으면 어떻게 되겠는가? 이것은 원래의 바위와 비교해서 더 빨리 떨어지는가? 아니면 더 느리게 떨어지는가? 무게가 110근이 되었으니, 더 빨리 떨어질 것이다. 그러나 원래의 바위보다 10배 더 느리게 떨어지는 돌덩어리를 묶어 주었더니, 오히려 더 빨라진다는 것은 매우 이상한 일이다.

던져진 물체의 운동을 설명하면서, 무거운 물체는 아래로 내려가는 것이 자연스러운 운동이라고 아리스토텔레스는 설명하였다. 즉, 우리가 돌멩이를 던지면, 그 돌멩이는 멀리 날아가지만, 이는 강제적, 부자연스러운 운동이다. 이 부자연스러운 운동이 실제로 가능한 이유는, 진공의 힘 때문이다.

돌멩이를 던지면, 그 뒷부분에 순간적으로 진공이 생긴다. 그런데 "자연은 진공을 싫어한다." 그래서 그 진공을 메우려고, 공기가 빠르게 몰려와 그 뒷부분을 채운다. 이렇게 몰려오는 공기가 그 돌멩이를 밀어서, 먼 거리를 날아가게 만드는 것이다.

그런데 양털 뭉치와 돌멩이를 비교해 보면, 바람이 불 때 그 힘으로 쉽게 날아가는 것은 돌멩이가 아니라 양털 뭉치이다. 그러니 우리가 양털 뭉치와 돌멩이를 멀리 던져 보면, 진공을 싫어하는 자연이 그 진공을 채우기 위해 공기가 밀려와 이들을 밀어서 날려 보내니, 아마 양털 뭉치가 훨씬 더 멀리 던져질 것 같다. 그러나 이것은 사실과 다르다.

실제로 우리가 살고 있는 우주는 99.9999999999%가 완벽한 진공이다. 그러니 "자연은 진공을 싫어한다."고 말한 아리스토텔레스가 이 사실을 알았더라면, 큰 충격을 받았을 것이다.

평행선 공리를 증명하라!

유클리드Euclid(?~B.C. 300?)는 고대 그리스의 수학자로서, 당시의 수학 지식을 집대성한 『기하학 원론』을 저술한 것으로 유명하다. 『기하학 원론』은 그 이후 2000여 년 이상 수학의 표준 교과서로 사용될 정도로, 후대의 수학에 지대한 영향을 끼쳤다.

『기하학 원론』의 내용 중에, 후대에 가장 큰 논란을 불러일으키고 공격을 받은 것은 평행선 공리이다. 평행선 공리는 다음과 같이 표현할 수 있다. "한 직선이 주어지고, 그 직선에 놓여 있지 않은 한 점이 주어지면, 그 점을 지나고 주어진 직선과 평행한 직선은 단 한 개 존재한다." 이 표현은 유클리드 『기하학 원론』의 원래 공리와는 다른 모습이지만, 이들은 논리적으로 동등하며, 흔히 이 표현을 평행선 공리라 부른다.

2000년 이상에 걸쳐, 수많은 위대한 수학자들이 이 공리를 증명하려고 시도하였다. 이들 중 가장 유명한 수학자들로는 프톨레미Ptolemy(90~168), 프로클루스Proclus(412~485), 나시라딘Nasir Addin

(1201~1274), 왈리스John Wallis(1616~1703), 사체리Giovanni Girolamo Sacherri (1667~1733), 람베르트Johann Heinrich Lambert(1728~1777), 르장드르Adrien Marie Legendre(1752~1833) 등을 꼽을 수 있다. 특히 르장드르는 일생을 이 증명에 매달렸다 해도 과언이 아닐 정도로, 수많은 방법으로 이 공리를 증명하였고, 수십 년 동안 12번에 걸쳐 자신의 증명을 담은 책을 출판하였다.

이들은 이 공리를 증명하는 데 성공하였다고 생각하였다. 그러나 이들의 증명 과정을 자세히 살펴보면, 이 공리와 논리적으로 동등한 명제를 어느 과정에서 (자신도 모르게) 사용한 것으로 판명났다. 마침내 가우스Carl Friedrich Gauss(1777~1855)는 1816년에 평행선 공리는 절대 증명할 수 없다고 공언하였다. 이것이 증명 불가능함을 실제로 증명한 수학자는 벨트라미Eugenio Beltrami(1835~1899)였다.

이들의 이러한 노력이 헛된 결과만을 낳은 것은 아니다. 이러한 시도를 통해서, 유클리드 기하학에 대한 이해가 심오해졌고, 이른바 비유클리드 기하학이 탄생하게 된 것이다. 벨트라미는 곡률이 음수인 비유클리드 기하학 체계에서 한 점을 지나는 평행선이 무수히 많이 존재함을 보임으로써, 평행선 공리를 증명할 수 없음을 증명한 것이다.

2000여 년 이상에 걸친 이러한 대소동을 보면, 결국 가장 큰 승자는 유클리드이다. 그도 어쩌면 평행선 공리를 증명하려는 약간의 시도를 하였을 지도 모른다. 그러나 곧 증명하려는 노력을 포기하고, 그것을 공리로서 채택함으로써, 유클리드 기하학 체계를 완성할 수 있었던 것이다.

다음은 평행선 공리와 논리적으로 동등한 몇 가지 대표적인 명제들이다.

"두 개의 평행선이 있다고 하자. 어떤 직선이 이들 중 한 개와 만나면, 다른 한 개와도 만난다."

"두 개의 직선이 다른 한 직선과 각각 평행하다고 하자. 그러면 이 두 개의 직선도 서로 평행하다."

"삼각형의 세 내각의 합은 직각의 두 배와 같다."

"세 점이 한 직선에 놓여 있지 않으면, 그 세 점을 지나는 원이 존재한다."

유클리드의 비율 이론을 둘러싼 오해와 진실

유클리드는 『기하학 원론』 제 5권에서 비율이 같음을 다음과 같이 정의해 놓았다. "네 개의 양이 있어서, 첫째와 둘째의 비율, 셋째와 넷째의 비율이 같다는 말은, 첫째와 셋째에 같은 수를 곱해 곱을 취하고, 둘째와 넷째에 다른 어떤 수를 곱해 곱을 취했을 때, 전자들이 후자들보다 각각 더 크거나, 전자들이 후자들과 각각 크기가 같거나, 전자들이 후자들보다 각각 더 작게 됨을 뜻한다."

이 정의는 언뜻 보면 매우 길고 복잡해 보인다. 유클리드가 비율의 정의를 이렇게 한 이유는 무리수 때문이다. 예를 들어, 다음을 증명하고 싶다고 해 보자. "변의 길이가 1인 정사각형에서 대각선 대 변의 비율은, 대각선의 길이가 2인 정사각형에서 대각선 대변의 비율과 같다."

오늘날 우리들은 대각선 대변의 비율은 두 경우 모두 $\sqrt{2}$ 대 1이니, 두 비율이 서로 같다고 말할 것이다. 그러나 유클리드의 시대에는 무리수의 정체가 명확하게 밝혀지지 않은 상황이었다. 그러니 그 비율이 어떤 '무리수'로서 같다는 말은 절대 있을 수 없는 표현이었다. 반면에 이 경우 이 두 비율이 서로 같음은 매우 명백하다. 그러니 이렇게 비율이 무리수가 되는 경우까지 포괄해 줄 수 있는 비율의 정의가 필요했던 것이다.

유럽의 수학자들은 비율 이론을 공부하면서 큰 혼란을 겪었다. 캄파누스Campanus(1220~1296)는 『기하학 원론』을 라틴어로 번역, 출판하였다. 그런데 그는 유클리드의 정의를 제대로 이해하지 못 해서, 엉뚱하게 해석해 놓았다. 그 때문에 후대의 많은 사람들이 비율의 정의를 오해하였으며, 라무스Petrus Ramus(1515~1572)는 유클리드를 맹렬하게 비난하였다.

어떤 비판가들은 이러한 성질을 가지는 네 개의 양들이 비율이 같음을 유클리드가 증명해 놓았어야 한다고 요구하였다. 한 점으로부터 일정한 거리에 있는 모든 점들의 집합이 '원'임을 증명하라는 것과 마찬가지 요구가 아닌가! 유클리드는 네 개의 양들이 가질 지도 모르는 어떤 성질을 기술해 놓고, 그러한 성질을 가지는 경우에 비율이 같다고 정의해 놓은 것이다.

마침내 영국의 바로우Isaac Barrow(1630~1677)가 『기하학 원론』을 번역, 출판하면서, 비로소 비율의 정의를 둘러싼 오해와 혼란이 바로 잡히게 되었다. 바로우는 다음과 같이 설명해 놓았다. "유클리드의 이 정의는 같이 잴 수 없는 (무리수인) 경우도 포괄할 수 있도록 정의한 것이다. 이러한 경우가 이해하기 어렵기 때문에, 오해와 혼란이 일어난 것이다. 그러나 이 정의 자체는 전혀 문제가 없이 완벽하며, 수학자들이 그것을 제대로 이해하려는 노력이 부족하였다."

현대 수학에서 무리수를 정의하는 방법 중의 한 가지는 데데킨트의 틈Dedekind cut이다. (데데킨트의 틈이란, 예를 들어 무리수 $\sqrt{2}$에 대해서, 전체 유리수의 집합을 $\sqrt{2}$보다 큰 수들의 집합과 $\sqrt{2}$보다 작은 수들의 집합으로 나눔으로써, 무리수 $\sqrt{2}$를 구별해 내는 정의법이다.) 비율에 대한 유클리드의 이 정의는 데데킨트의 틈과 완전히 일치한다고 해도 과언이 아닐 정도로, 이 개념을 내포하고 있다. 왜냐 하면, 유클리드는 비율이 무리수인 경우에도 잘 적용되도록, 비율을 포괄적으로 완벽하게 정의해 주었기 때문이다.

완벽한 유클리드의 유일한 실수

유클리드의 『기하학 원론』은 매우 완벽한 책이었다. 유클리드는 평행선 공리를 채택하여 이른바 유클리드 기하학 체계를 완성해 놓았다. 이차방정식의 근의 공식을 실어 놓았고, 무리수의 경우도 포괄하도록 비율을 완벽하게 정의해 놓았다. 그리고 그는 피타고라스의 정리를 새롭고 산뜻한 방법으로 증명해 놓았다.

피타고라스는 자신의 정리를 비율을 사용하여 증명한 것으로 추정된다. 그러나 그 시대에는 무리수를 제대로 다룰 수 없었으니, 피타고라스의 증명은 완벽하다고 말하기 어렵다. 그래서 유클리드는 새롭고 독창적인 증명 방법을 개발한 것이다. 유클리드의 증명 방법은 오늘날에도 피타고라스의 정리를 증명하는 가장 표준적인 방법으로 널리 사용되고 있다.

『기하학 원론』의 완벽함은 1687년에 다시 한 번 증명이 되었다. 뉴턴Isaac Newton(1642~1726)이 『프린키피아』를 출판한 것이다. 뉴턴의 『프린키피아』는 코페르니쿠스, 케플러, 갈릴레오로 이어져 내려온 과학 혁명을 완결하는 화룡점정으로서, 당시 물리학자들의 난문제였던 천체의 운동을 완벽하게 설명해 놓았다.

뉴턴은 미분, 적분을 개발하였기 때문에, 자신의 이론을 미분, 적분 개념을 사용하여 전개, 설명할 수도 있었다. 그러나 그 당시 미분, 적분은 새로운 개념으로서, 학계에서 아직 완전히 받아들이지 않는 상태였으니, 그것을 사용하면 논란의 여지가 있을 것 같았다. 그래서 뉴턴은 『프린키피아』의 모든 이론을 『기하학 원론』의 내용을 바탕으로 하여 전개해 나갔다. 『기하학 원론』의 내용이라면, 학계에서 받아들이는 데 전혀 문제가 없을 것이다.

물론, 그의 스승인 바로우가 『기하학 원론』을 번역, 출판하였다는 사실도 도움이 되었을 것이다. 사실, 『프린키피아』는 매우 심오하고 어려운 법칙들이 가득하다. 뉴턴이 그 모든 이론들을 『기하학 원론』을 바탕으로 전개해 나갔다는 것은, 『기하학 원론』이 그만큼 완벽한 책이었기에 가능한 일이었다.

그런데 유클리드가 저술한 책은 『기하학 원론』 이외에도 여러 가지가 있다. 기하학 문제집 성격의 책, 거울의 성질을 다룬 책, 그리고 눈이 사물을 보는 것을 다루어 놓은 『광학』이 있다.

『광학』에 따르면, 눈이 사물이 볼 수 있는 것은 눈에서 어떤 광선이 직선으로 뻗어 나오기 때문이다. 그래서 그 직선 광선이 어떤 사물에 닿으면, 그 사물을 볼 수 있게 되는 것이다. 그러니 다른 어떤 사물 뒤에 숨어서 가려진 물체는 볼 수 없다. 광선이 닿을 수 없기 때문이다.

유클리드의 이러한 이론은 플라톤 학파의 기존 이론을 따른 것이다. 아마 요즈음 영화에서 흔히 볼 수 있는 장면으로, 로봇의 눈에서 레이저 광선이 나와 주위 사물을 파악하는 것과 비슷한 개념인 것 같다. 눈에서 어떤 직선이 뻗어 나와서 사물을 볼 수 있게 되는 것이라면, 밝은 대낮에는 사물을 볼 수 있지만, 어두운 밤에는 왜 사물을 볼 수 없는지 의문이 생긴다.

유클리드의 『광학』은 진정한 광학을 다루었다기보다, 기하학의 확장인 것처럼 보인다. 그렇지만 그 후 프톨레미Ptolemy가 광학을 다루어 놓을 때까지, 유클리드의 『광학』은 영향력을 행사하였다.

지동설의 아버지 아리스타쿠스

아리스타쿠스Aristarchus(B.C. 310~B.C. 230)는 고대 그리스의 천문학자이다. 그는 사모스 섬에서 태어났다. 아리스타쿠스는 뛰어난 천문학자로서, 일 년의 길이를 $365+\frac{1}{4}+\frac{1}{152}$일로 계산하였다. 이는 오늘날의 관측과 완전히 일치하는 정확한 값이다. 그리고 그는 태양의 겉보기 크기를 $\frac{1}{2}$도라 관측하였는데, 이것도 정확한 값인 0.53도와 거의 일치한다.

아리스타쿠스는 태양 중심설을 최초로 주장한 천문학자이다. 그는 태양이 우주의 중심에 놓여 있으며, 수성, 금성, 지구, 화성, 목성, 토성은 태양의 둘레를 공전하는 행성이라고 주장하였다. 고대 그리스는 아리스토텔레스가 주장한 지구 중심, 천동설 이론이 지배하던 시대였다. 아리스타쿠스가 어떻게 태양 중심, 지동설 이론을 얻게 되었는지 정확하게 알 수는 없지만, 아마 태양의 크기 때문이었을 것으로 추측된다.

아리스타쿠스는 태양과 달의 크기, 그리고 그들의 궤도를 정밀하게 관측하였다. 그가 이러한 관측과 계산을 바탕으로 내린 결론은, 태양은 지구와 비교해서 약 7배 크기이며, 그 거리는 달보다 약 20배 멀리 있다는 것이었다. 물론, 이는 오늘날 우리들이 알고 있는 정확한 값과는 크게 차이가 있다. 태양은 지구와 비교해서 약 109배 크기이며, 달보다 약 400배 멀리 있다. 그렇지만 7배 크기라 하더라도, 부피는 약 340배가 된다. 이는 어마어마한 차이이니, 훨씬 더 작은 지구가 태양의 둘레를 공전하는 것이 자연스러워 보인다.

아리스타쿠스의 지동설에 대해서, 그리스의 기존 학자들은 경악하였으며, 곧 박해를 가하기 시작했다. 박해의 선봉장은 클레안테스Cleanthes였다. 그는 스토아 학파로서 제논Zenon의 제자였다. 클레안테스에 따르면, 아리스타쿠스는 이단으로서 신성을 모독하였으니 처벌을 받아야 한다. 지구는 우주에서 가장 경건한 존재인데, 그것을 감히 움직이게 한다는 것은 있을 수 없는 모독이다. 그리고 지구가 움직인다면 별들을 관측할 때 시차가 있어야 한다. 그런데 시차가 전혀 없으니, 지구는 움직이지 않는다.

아리스타쿠스는 다음과 같이 반박하였다. 태양은 우주의 중심에 고정되어 있다. 지구는 태양을 중심으로 공전한다. 그러나 별들은 엄청나게 먼 거리에 있어서, 그들의 거리와 비교해 보면, 지구의 공전 반지름은 한 점에 불과하다 해도 과언이 아니다. 그러니 별들을 관측할 때 시차가 생기지 않는다. 물론, 아리스타쿠스는 시차를 관측할 수 없음이 매우 곤혹스러웠을 것이며, 아마 관측하기 위해 상당한 시도를 하였을 것이다.

이 사건은 1900여 년 후에 일어나는 갈릴레오의 종교 재판의 전주곡이라 할 수 있는데, 다행히 아리스타쿠스는 별다른 처벌을 받지 않았다. 그렇지만 자신의 이론을 그리스 기존 학자들이 받아들이도록 만들 수는 없었다. 사실, 기존 학자들도 할 말이 있다. 새로운 이론을 제시하려면, 그 이론을 뒷받침할 수 있는 증거를 제시해야 한다. 그런데 아리스타쿠스는 그 증거가 될 시차를 관측하지 못한 것이다. 물론, 결과적으로 보면 아리스타쿠스의 이론이 옳았고, 그는 시대를 앞선 선각자였다. 그러나 탁월한 주장은 탁월한 증명을 요구하는 법이다.

발가벗고 달린 아르키메데스

아르키메데스Archimedes(B.C. 287~B.C. 212)는 고대 그리스의 과학자이다. 그는 뉴턴Newton과 더불어 역사상 가장 위대한 수학자이자 물리학자로 손꼽힌다. 그는 시칠리아 섬의 도시 국가 시라쿠사에 살았다. 당시 시라쿠사는 로마 제국의 공격에 시달리고 있었는데, 그는 여러 가지 전쟁 무기를 개발하여서, 로마의 침입을 막아내는 데 공헌하였다.

아르키메데스는 물리학 분야에서 지렛대의 원리를 발견하였다. 그는 "나에게 충분히 긴 지렛대와 튼튼한 받침점을 주면, 지구를 움직이겠다."고 큰소리쳤는데, 이는 지렛대의 원리를 잘 설명해 주는 명언이다. 그는 지렛대의 원리와 도르래를 이용하여 무거운 물체를 쉽게 들 수 있는 기중기를 제작하였다. 그리고 그는 나선을 이용한 물펌프를 발명, 제작하였다.

아르키메데스는 수학 분야에서 원주율의 값을 매우 정확하게 계산하였으며, 정적분을 최초로 개발하였다. 소진법을 사용하여 포물선 도형의 넓이를 정확하게 구한 것이다. 그리고 그는 회전체의 부피와 무게중심을 계산하였다. 회전체에 원기둥들을 내접 또는 외접시킨 다음, 자신이 발견한 지렛대의 원리를 이용하여서, 그 원기둥들을 적당하게 재배열하여 계산하는 방법을 사용한 것이다.

아르키메데스는 부력의 원리를 발견한 것으로 유명하다. 즉, 어떤 액체에 잠긴 물체는 그 잠긴 부피에 대응하는 액체의 무게만큼의 부력을 받게 된다. 이것을 아르키메데스의 원리라 부르는데, 그가 이 원리를 발견하게 된 데에는 재미있는 일화가 있다.

시라쿠사 왕은 금세공인에게 금덩어리를 주고, 자신이 쓸 왕관을 만들어 오라고 명령하였다. 그런데 막상 왕관이 완성되어 자신의 앞에 놓이자, 금세공인이 금을 일부 빼돌리고 은을 넣었을 것 같다는 의심이 들었다. 그래서 왕은 아르키메데스를 불러서, 그 왕관이 과연 순수한 금으로 되어 있는지 밝혀내라고 명령하였다. 물론, 정교하게 세공된 왕관을 손상하지 않고 밝혀야 한다.

언뜻 생각해 보면, 왕관의 부피를 구하여서, 그것이 같은 무게의 순수한 금덩어리의 부피와 같은지 비교해 보면 될 것 같았다. 왕관은 모양이 복잡하니, 그보다 더 큰 물그릇에 물을 가득 담고, 왕관을 넣어서 넘쳐나는 물의 부피를 구해야 했다. 그러나 물의 부피를 매우 정확하게 구해야 하는데, 이 방법으로는 도저히 정확하게 구할 수가 없었다. 아르키메데스는 계속 시도하였지만, 끝내 실패하고 절망에 빠졌다.

그런데 몹시 지친 그가 목욕을 하려고 목욕탕에 풍덩 몸을 담갔을 때, 탕의 물이 넘쳐나면서, 그는 자신의 몸을 떠오르게 하는 물의 힘을 느꼈다. 아르키메데스는 바로 그 순간 부력의 원리를 발견해 낸 것이다. 그는 "유레카(알았다)!"라고 외치며 발가벗은 채 시라쿠사 시내를 지나 왕궁으로 달려갔다.

아르키메데스는 왕관, 그리고 그와 같은 무게인 금덩어리를 양팔저울에 매단 다음, 그것을 물속에 넣어서, 양팔저울의 평형이 깨지는 것을 보임으로써, 왕관에 금이 아닌 불순물이 섞여 있음을 밝혀낸 것이다.

지동설을 발견한 프톨레미

프톨레미Claudius Ptolemy(90~168)는 고대 로마 시대의 위대한 천문학자이다. 그는 이집트 알렉산드리아에 살았으며, 천문학을 집대성한 『알마게스트』를 저술한 것으로 유명하다. 그의 신원에 대하여 정확하게 알려진 것은 없지만, 그리스인의 후손으로서, 로마 시민권을 가진 상류층 인물로 추정된다. 그가 알렉산드리아 이외의 지역에서 살았다는 흔적은 없다.

프톨레미는 그 시대에 가장 정확하게 천체들의 움직임을 관측한 천문학자였다. 그 당시 천문학자들의 가장 큰 골칫거리는 행성들의 순행과 역행이었다. 즉, 행성들은 평소 동쪽으로 이동하는 순행을 하지만, 몇 년에 한 번씩 서쪽으로 이동하는 '역행'을 한다. 그리고 그 역행의 폭 또는 속력도 매번 달라진다. 특히 화성이 이러한 역행 운동이 두드러지며, 화성의 움직임을 설명해 줄 수 있는 이론은 당시 천문학자들에게 가장 큰 난문제였다.

프톨레미는 행성들의 움직임을 설명하기 위한 획기적인 이론을 제시하였다. 먼저 어떤 모원을 그리고, 그 원주의 어느 한 점을 중심으로 주전원을 그린 것이다. 지구는 모원의 중심에서 약간 벗어난 곳에 놓여 있으며, 행성은 그 주전원을 따라서 움직인다. 프톨레미의 이 이론은 행성들의 실제 움직임과 매우 잘 일치하여서, 『알마게스트』는 그 이후 1400여 년 간 유럽의 천문학을 지배하였으며, 프톨레미는 천동설의 아버지라 불리며 추앙되었다.

그러나 모원과 주전원의 진정한 의미는 1543년에 코페르니쿠스 Copernicus(1473~1543)가 『천체의 회전』을 출판하면서 비로소 밝혀졌다. 코페르니쿠스는 프톨레미의 모원, 주전원 이론을 살짝 비틀어 보았다. 지구, 주전원의 중심, 행성을 꼭짓점으로 가지는 평행사변형을 그려 보았더니, 제 4의 꼭짓점에 항상 태양이 놓여 있었다.

코페르니쿠스는 이 놀라운 사실을 발견하고 나서, 모원과 주전원을 서로 바꿔 그려보았다. 그러자 모원과 주전원의 진정한 모습이 드러났다. 모원은 태양을 중심으로 회전하는 행성의 공전 궤도이고, 주전원은 태양을 중심으로 회전하는 지구의 공전 궤도인 것이다.

화성, 목성, 토성이 공통적으로, 주전원의 회전 주기는 정확하게 일 년이다. 프톨레미는 당연히 이 사실을 알고 있었지만, 이것이 왜 그런지 의문을 가지고 따져 보지 않았다. 그리고 이 외행성들은 이 순서대로 주전원의 크기가 (모원과 비교해서 상대적으로) 점점 작아진다. 프톨레미는 이것에 대해서도 그 이유를 그다지 따져 보지 않은 것이다.

프톨레미는 지구의 공전 궤도를 최초로 구한 천문학자였던 것이다. 즉, 그의 이론은 천동설이 아니라 사실은 지동설이었다. 그러나 그는 데이터를 거꾸로 해석하여서, 지구가 태양의 둘레를 회전하는 게 아니라 태양이 지구를 중심으로 회전하도록 만들었던 것이다. 자신이 발견한 이론이 지동설임을 미처 깨닫지 못한 프톨레미, 그리고 그를 천동설의 아버지라 추앙한 후대의 천문학자들은 과학의 역사에서 가장 큰 실수를 한 사람들로서 기록되고 있다.

피 빼기 치료법을 개발한 갈렌

갈렌Galen(129~216)은 고대 로마의 의사였다. 그는 그리스인이었으며, 그의 아버지는 부유한 건축가로서, 학문에 관심이 많았다. 덕분에 갈렌은 체계적으로 교육을 받았으며, 처음에는 철학에 관심이 있었으나, 후에 의술 및 해부학에 흥미를 느꼈다. 그는 로마 제국의 광대한 영토를 두루 여행하며 온갖 종류의 의학 이론과 실제 치료법을 공부할 수 있었다.

갈렌은 알렉산드리아에 상당한 기간 동안 머무르며 의술을 익혔다. 그 후 그는 로마에 정착하였으며, 곧 뛰어난 의술로서 명성을 떨쳤고, 로마 귀족사회의 지식인, 정치인들과 교류하였다. 갈렌은 후일 코모두스Commodus를 비롯한 여러 명의 로마 황제들의 주치의로서 활동하였다.

갈렌은 특히 해부학으로 유명하다. 당시 로마에서 사람의 시체를 해부하는 것은 법으로 금지되어 있었다. 그래서 그는 돼지, 원숭이 등등 동물을 해부하였다. 그는 매우 엄밀하게 해부하고 분석하여서, 그 당시에 잘못 알려져 있던 여러 가지 해부학적 지식들을 바로 잡을 수 있었다. 예를 들어, 당시에 동맥은 공기를 운반하는 관으로 알려져 있었다. 해부하고 난 이후에 보면, (피가 빠져나가고) 빈 관이었기 때문이다. 그러나 갈렌은 동맥이 피를 운반한다는 사실을 밝혔다.

갈렌은 붉은 동맥피와 검은 정맥피를 구별해 낸 최초의 의학자였다. 그러나 혈액의 순환에 관한 그의 이론은 큰 실수였다. 갈렌은 동맥피와 정맥피가 완전히 다른 액체인 것으로 판단한 것이다.

갈렌에 따르면, 동맥피는 심장이 근원지이며, 심장에서 출발한 동맥피는 동맥을 따라 신체 곳곳으로 퍼져나가며, 신체는 동맥피를 소비하여 없어진다. 심장은 다시 동맥피를 생산하여서 신체 곳곳으로 내보낸다. 정맥피는 간이 근원지이다. 간에서 출발한 정맥피는 정맥을 따라 신체 곳곳으로 퍼져나가며, 신체는 정맥피를 소비한다. 간은 다시 정맥피를 생산한다.

갈렌은 인체에 피, 검은 담즙, 노란 담즙, 점액, 이렇게 네 가지 액체가 있다고 보았다. 사람에 따라서 기질이나 성격이 달라지는 것은 이 네 가지 액체의 불균형 때문이라고 보았다. 피는 낙천성, 검은 담즙은 우울성, 노란 담즙은 성깔, 점액은 침착함을 낳는다. 낙천적인 성격의 사람은 쾌활하고 사교적이다. 우울한 성격의 사람은 창의적이고 친절하며 자애롭다. 성깔 있는 사람은 정력이 넘치고 열정적이며 카리스마가 있다. 침착한 성격의 사람은 믿음직하고 친절하며 애정적이다.

갈렌은 이 네 가지 액체가 균형을 이루어야 한다고 보았기 때문에, 병이 생기는 까닭은 이들의 불균형 때문이라고 보았다. 그래서 균형을 맞추어 주기 위해서, 피를 빼 버리는 치료법을 개발하였다. (물론, 피가 지나치게 많은 경우이다.)

갈렌이 개발한 피 빼기 치료법은 19세기 말에 이르기까지 서양에서 널리 시행되었으며, 오늘날에도 상당수의 사람들은 이 방법을 사용하고 있다. 이 치료법을 시행하는 사람들은, 이것이 가장 오랜 역사와 전통을 지닌 의술이라고 자랑한다. 물론 이 주장은 맞는 말이지만, 현대 의학으로 판단해 보면, 피를 빼내는 것이 병을 치료하고 건강을 증진하는 경우는 거의 절대 없다.

3차방정식의 해법을 둘러싼 결투

타르탈리아Niccolo Fontana Tartaglia(1499~1557)는 이탈리아의 수학자이다. 그는 어린 시절에 프랑스군이 이탈리아를 침입하여 일어난 전쟁의 와중에 큰 상처를 입고 죽을 고비를 간신히 넘겼다. 그는 집안이 가난하였기 때문에 독학으로 공부하였는데, 수학에 천재적인 자질을 드러내기 시작했다.

그 시대 이탈리아의 수학자들 사이에는 수학적 결투가 유행하였다. 두 명의 수학자들이 많은 돈을 걸고, 어려운 문제를 제출하여서, 상대방이 낸 문제를 푸는 방식의 시합이었다. 이러한 대결에서 승리한 수학자는 돈과 명예를 동시에 얻었다. 당시 수학계의 가장 큰 난문제는 3차방정식의 풀이법이었다. 그 풀이법을 손에 넣으면, 결투에서 상대방을 물리칠 수 있는 강력한 무기로 사용할 수 있었다.

그런데 피오르Antonio Maria Fior는 그 풀이법을 알고 있었다. 피오르는 타르탈리아와 자주 다투었는데, 마침내 그는 타르탈리아에게 결투를 신청하였다. 타르탈리아는 결투를 앞두고 머리를 싸매고 궁

끙 앓았는데, 결투 전날 밤에 그 풀이법을 발견하는데 성공하였다. 그들의 결투는 타르탈리아의 승리로 끝이 났다.

이 결투에 관한 소문은 이탈리아 전역으로 퍼져나갔다. 밀라노의 수학자 카르다노Girolamo Cardano(1501~1576)는 타르탈리아에게 그 풀이법을 알려달라고 간청하였으나, 타르탈리아는 단호하게 거절하였다.

그러나 그 이후 타르탈리아의 마음이 누그러진 것 같다. 그는 카르다노의 초청을 받아들여 밀라노를 방문하였으며, 그 풀이법을 알려주었다. 카르다노는 그 풀이법을 절대로 출판하지 않겠다고 신성한 성경과 기독교인으로서 믿음을 걸고 맹세하였다.

그 후 카르다노는 3차방정식의 풀이법에 관한 연구를 계속하여서, 13가지 모든 종류의 3차방정식의 풀이법을 완성하였다. 게다가 그의 제자인 페라리Lodovico Ferrari(1522~1565)는 4차방정식의 풀이법을 발견하였다. 카르다노는 그 모든 풀이법을 정리하여서, 1545년에 『아르스 마그나』를 출판하였다.

타르탈리아는 화가 머리끝까지 치솟아 펄펄 뛰었다. 그는 곧 카르다노에게 결투를 신청하였다. 카르다노가 성경에 대고 맹세한 것을 어겼으니, 이단이라며 교회에 고발을 하겠다고 협박하였다. 그러나 카르다노는 한 발 뒷전으로 물러났으며, 제자인 페라리가 앞에 나서서 타르탈리아와 맞서 싸웠다.

페라리는 그 풀이법이 타르탈리아 이전에 이미 알고 있었던 수학자들이 있었음을 지적하였다. 그리고 다른 형태의 방정식들의 풀이법은 카르다노가 발견한 것이라고 주장하면서, 타르탈리아의 보잘 것 없는 씨앗을 활짝 꽃피워준 카르다노에게 오히려 감사해야 한다고 주장하였다. 타르탈리아는 자신의 씨앗이 없었더라면 카르다노의 정원은 잡초들만 무성한 황무지에 불과하였을 것이라고 주장하였다.

1548년 8월 10일에 밀라노의 교회에서, 수천 명의 관중이 모인 가운데 타르탈리아와 페라리의 결투가 벌어졌다. 밀라노는 카르다노의 본거지이니, 모든 관중들은 카르다노, 페라리의 편을 들었다. 이 결투는 페라리의 승리로 끝이 났으며, 타르탈리아는 간신히 살아서 도망칠 수 있었다. 그 후 타르탈리아는 3차방정식의 풀이법을 담은 자신의 책을 출판하였으나, 모든 영광은 이미 카르다노가 독차지한 후였다.

세제곱을 하지 않은 코페르니쿠스

코페르니쿠스Nicolaus Copernicus(1473~1543)는 폴란드의 천문학자이다. 그는 젊은 시절에 이탈리아로 유학을 가 볼로냐, 로마, 파도바 등등 여러 도시에서 교회법과 의학을 공부하였다. 그는 이탈리아 유학 시절에 우연히 천문학을 접하고 무척 흥미를 느꼈다. 코페르니쿠스는 성직자로서 일생을 보냈지만, 천문 관측 및 천문학 이론 연구는 평생의 취미 내지는 부업이라 할 수 있다.

코페르니쿠스는 자신의 관측 자료 및 이론을 정리하여 1543년에 『천체의 회전』을 출판하였다. 그는 이 책에서 프톨레미의 잘못된 태양계 체계를 바로잡고, 태양 중심, 지동설의 올바른 태양계 체계를 확립하였다. 프톨레미의 이론에서는 모원, 주전원이 행성의 위치를 나타내기 위한 이론상의 (물리적 실체가 없는) 궤도에 불과하였다. 그러나 코페르니쿠스는 모원, 주전원이 각각 행성의 공전 궤도, 지구의 공전 궤도임을 밝혔다. 그에 따라서, 지구와 비교한 행성들의 공전 궤도의 반지름(태양으로부터의 거리)이 처음으로 밝혀졌다.

태양으로부터의 (상대적) 거리는 지구 1.00, 화성 1.52, 목성 5.20, 토성 9.54임이 밝혀진 것이다. 이 사실을 발견하자, 코페르니쿠스는 뛸 듯이 기뻤다. 왜냐 하면, 이들의 공전 주기는 각각 지구 1.00년, 화성 1.88년, 목성 11.86년, 토성 29.46년으로서, 순서가 정확하게 일치하였기 때문이다. 코페르니쿠스는 자신의 기쁨을 다음과 같이 표현해 놓았다. "이 배열에 따르면, 우주를 측정할 수 있는 공통된 길이 단위가 신기하게 등장한다. 그리고 행성들의 궤도의 크기와 공전 주기 사이의 이렇게 조화로운 관계는 다른 어떠한 배열에서도 찾아 볼 수 없다."

그런데 이 숫자들을 보면, 순서가 일치할 뿐만 아니라, 어떤 비례 관계가 있을 것 같았다. 그래서 코페르니쿠스는 궤도의 반지름을 제곱해 보았다. 그러자 지구 1.00, 화성 2.31, 목성 27.04, 토성 91.01이라는 값이 나왔다. 이것은 그의 기대와 달리, 공전 주기와 일치하지 않았다. 코페르니쿠스는 약간 실망하여 계산을 멈추었는데, 이는 큰 실수였다. 그가 한 발짝 더 나아갔더라면, 즉 세제곱을 해 보았더라면, 놀라운 결과가 기다리고 있었다.

반지름을 세제곱하면, 지구 1.00, 화성 3.52, 목성 140.6, 토성 868.2라는 값이 나온다. 그리고 공전 주기를 제곱하면, 지구 1.00, 화성 3.53, 목성 140.7, 토성 867.9라는 값이 나온다. 이 두 종류의 값들은 매우 잘 일치한다. 즉, "행성들의 공전 궤도의 반지름의 세제곱은 공전 주기의 제곱에 비례한다."라는 케플러Kepler의 제 3 법칙을 발견할 수 있었던 것이다.

코페르니쿠스가 이 법칙을 발견하기 일보 직전에 멈춘 것은 매우 안타까운 일이다. 물론, 이것은 다른 천문학자들에게도 해당하는 말이다. 1543년에『천체의 회전』이 출판되어 나왔으니, 그 이후 어떤 천문학자이든 세제곱을 해 보았다면, 케플러의 제 3 법칙을 발견할 수 있었다. 그러나 결과적으로 말하면, 1618년에 케플러가 이 법칙을 발견할 때까지, 다른 모든 천문학자들은 기회를 놓치고 말았다.

지구는 실제로 회전하는가?

코페르니쿠스는 1543년 5월 24일에 사망하였다. 그가 저술한 『천체의 회전』은 독일 뉘렘베르크에서 인쇄되어서, 폴란드의 그에게 전달되었다. 그는 자신의 저작물을 쓰다듬으며 흡족함과 기쁨 속에 평화롭게 숨졌다고 한다.

코페르니쿠스 본인은 사망한 바로 그 날에 책을 전달받았으니, 아마 그 책을 읽어보지 못했을 것이다. 그런데 그의 절친한 동료 성직자인 기세Tiedemann Giese 대주교는 『천체의 회전』을 읽어 보고 깜짝 놀라 불같이 화를 냈다. 그 책에 정체불명의 서문이 들어가 있었는데, 그 내용이 지구의 공전 운동을 부인하고 있었기 때문이다.

뉘렘베르크에서 책을 인쇄할 때, 처음에는 기세 대주교가 그 과정을 감독하였다. 그러나 그 중간에 그는 폴란드로 돌아와야 했으며, 그는 오시안더Andreas Osiander에게 그 일을 부탁하였다. 오시안더는 종교 개혁 지도자로서 루터교 성직자였으며, 카르다노는 『아르스 마그나』를 오시안더에게 헌정한 바 있다. 오시안더는 『천체의 회전』에 다음과 같은 내용의 서문을 집어넣었다.

"독자들은 지구가 움직인다는 개념에 충격을 받지 말기 바란다. 그리고 이렇게 혁명적인 개념을 제기한 저자를 비난하지 말기 바란다. 저자는 이 개념이 반드시 참이라고 주장하는 것이 아니다. 독자들은 이것을 그냥 하나의 가설로서 받아들이기 바란다. 왜냐 하면 신께서 답을 제시하지 않는 한, 천문학자이든, 철학자이든, 확실한 결론을 내릴 수 없기 때문이다. 사실, 가설이란 반드시 참일 필요가 없으며, 그럴 법해야 할 필요도 없다. 가설이란 그저 '그에 따라서 계산한 결과'가 실제 관측과 일치하기만 하면 된다."

게다가 이 서문의 저자가 따로 명시되어 있지 않았으니, 독자들이 보기에는 그 서문이 코페르니쿠스 본인의 글인 것처럼 보였다. 그러나 코페르니쿠스는 지구가 실제로 회전한다고 믿고 있었으며, 기세 대주교는 그 사실을 잘 알고 있었다. 그렇기 때문에 지구의 공전 운동을 부인하는 듯한 서문에 분노한 것이다. 그는 즉시 뉘렘베르크 시의회에 편지를 써서, 책의 인쇄를 정지해 달라고 요청하였다. 그는 정체불명의 서문을 빼고, 대신에 코페르니쿠스의 간략한 전기를 넣어 달라고 요청하였다.

그러나 기세 대주교의 요청은 전혀 소용이 없었다. 인쇄소에서는 이미 500부의 책을 인쇄한 뒤였으며, 그 책들은 유럽 전역의 도서관, 천문학자, 기타 지식인들에게 불티나게 팔려나가고 있었다. 시의회에서 인쇄소의 사업에 관여할 이유는 전혀 없었다.

코페르니쿠스는 우주의 중심에 태양이 놓여 있다면서, 다음과 같이 감탄한 바 있다. "이 모든 것들의 한가운데에 태양이 앉아 있다. …… 그렇다. 태양은 마치 왕좌에 앉아 있는 것처럼, 자신의 둘레를 돌고 있는 모든 별들을 다스린다." 그러니 기세 대주교의 분노는 아마 코페르니쿠스 본인의 심정이었을 것이다. 그렇지만 오시안더는 성직자로서, 교회의 반발을 예견하고 예방 차원에서 그 서문을 넣은 것 같다. 실제로 『천체의 회전』은 교회로부터 전혀 아무런 박해도 받지 않았다. 그로부터 약 90년 후에 갈릴레오가 종교 재판을 받은 것을 생각하면, 오시안더의 예방책이 현명했던 것 같다.

외계생명체의 존재를 주장한 부르노

부르노Giordano Bruno(1548~1600)는 도미니크 성직자이자 철학자, 천문학자였다. 그는 이탈리아 나폴리에서 태어났으며, 젊은 나이에 성직자가 되었다. 그는 나폴리, 로마에서 신학을 공부하였으며, 그 후 스위스, 프랑스, 영국 등지를 유랑하며 자신의 철학을 펼쳐나갔다. 부르노는 대천재였는데, 그의 자유로운 사고와 무한한 상상력은 곧 로마 가톨릭 교회와 충돌하게 되었으며, 그 때문에 이탈리아를 떠나 유럽을 순회한 것이다.

코페르니쿠스는 태양이 우주의 중심에 놓여 있는 우주 체계를 주장하였지만, 부르노는 그보다 더 진일보한 획기적인 우주 체계를 주창하였다. 부르노의 우주론에 따르면, 태양은 하나의 항성에 불과하다. 즉, 우주 공간의 무수히 많은 별들이 모두 다 태양이며, 그들 주위에는 지구와 같은 행성들이 공전하고 있다. 그리고 그 행성들에는 인류와 마찬가지인 지능을 가진 생명체들이 살고 있다.

우주는 무한 공간이며, 그러니 항성들은 무한대로 많이 있고, 따라서 지능을 가진 생명체들이 살고 있는 행성들도 무수히 많이 있다. 우주의 공간은 움직이지 않는다. (무한한 공간이 움직인다면, 그 속력이 무한대가 되니, 정지한 우주를 생각한 것이다.) 즉, 24시간을 주기로 하는 별들의 회전 운동은 지구의 자전 운동 때문에 생겨나는 겉보기 운동이다. 우주의 시간은 무한대로서, 시작도 없고 끝도 없다.

우주 공간은 진공이 아니라 에테르로 가득 차 있다. 그러나 에테르는 빛을 전달하는 역할을 할 뿐, 물체들의 움직임을 전혀 방해하지 않는다. 우주 공간의 항성들 및 행성들을 구성하는 기본 원소는 지구와 마찬가지로 물, 흙, 불, 공기의 4가지 원소들이며, 제 5의 원소는 없다. (당시 서양의 철학은, 천체는 지구의 4가지 원소와는 완전히 다른 제 5의 원소로 구성되어 있다고 보았다.) 그리고 지구에서 성립하는 물리학적 법칙들은 우주의 다른 항성, 행성들에서도 마찬가지로 성립한다.

부르노의 이러한 획기적인 우주론은 교회의 믿음과 심각하게 충돌하였다. 우주는 신의 창조로서 시작되고, 최후의 심판으로 끝난다는 것이 교회의 시간 개념이었다. 그런데 부르노는 시작도 없고 끝도 없는 무한 시간을 주장하였으니, 천지 창조도 없고 최후의 심판도 없어진 것이다.

우주의 공간이 무한한 것도 큰 문제였다. 아리스토텔레스 시대부터 정립되어 내려온 서양 천문학에 따르면, 우주의 가장 바깥에는 주천구primum mobile가 있으며, 그것이 우주의 한계였다. 즉, 우주는 크기가 유한하다. (코페르니쿠스도 주천구 개념을 유지하였다.) 그 유한한 우주의 바깥에 무엇이 있는지는 우리가 과학 연구로서 알 수는 없지만, 아마 천국과 지옥이 놓여 있을 것이다. 그런데 우주 자체가 무한 공간이면, 천국과 지옥이 존재할 공간이 없어진 것이다.

물론, 가장 큰 문제는 외계생명체의 존재였다. 인간은 신이 특별히 자신의 모습을 따라서 창조하고 혼을 불어넣어 살려 낸 고귀한 존재이다. 그런데 부르노는 인간을 우주의 수없이 많은 생명체들 중의 하나로 전락시킨 것이다. 이는 마치, 고귀한 신분의 왕족이 보잘 것 없는 벌레와 같은 존재로 전락하는 듯한 충격이었다.

부르노는 결국 종교 재판에 넘겨져, 이단 판결을 받고 화형에 처해졌다. 힐베르트Hilbert는 부르노의 화형과 갈릴레오의 종교 재판을 비교하면서, 다음과 같이 결론을 내렸다. "과학은 순교자를 필요로 하지 않는다. 시간이 지나면 과학은 진실이 확립되게 마련이다. 순교자는 종교에서나 필요할 뿐이다."

자신의 능력을 과신한 티코

티코Tycho Brahe(1546~1601)는 덴마크의 천문학자이다. 그는 귀족으로서 큰 부자였으며, 덴마크의 벤Hven 섬에 초대형 천문대를 건설하고 천체를 관측하였다. 그는 천체망원경을 사용하지 않은 관측 시대의 마지막 천체 관측자였다. (천체망원경은 갈릴레오가 1609년부터 사용하였다.)

티코는 그 시대의 가장 정확한 천체 관측자였다. 그의 관측 오차는 0.5분 정도였으며, 그는 이러한 정밀 관측을 바탕으로 새로운 이론을 제시할 수 있었다. 그가 명성을 얻게 된 계기는 1572년의 초신성이었다.

1572년 11월, 카시오페아 자리에 새로운 별이 등장하였다. 그것의 밝기는 금성과 맞먹을 정도였다. 아리스토텔레스의 천문학 체계에 따르면, 우주에는 그 어떠한 새로운 변화도 등장할 수 없다. 그런데 새로운 별이 등장한 것이다. 유럽의 천문학계는 경악하였다.

상당수의 학자들은 그것이 별이 아니라 대기권에서 일어나는 어떤 현상이라고 주장하였다. 그들은 아리스토텔레스의 철학을 깨기가 두려웠던 것이다. 그러나 티코는 자신의 관측과 다른 천문학자들의 관측 자료를 모아 정리하여서, 그 새로운 별이 시차가 없음을 보임으로써, 그것이 실제로 우주 공간에서 일어난 현상임을 밝혔다. 오늘날 1572년의 신성은 '티코의 초신성'이라 부른다.

티코는 1588년에 『신천문학 입문』을 출판하였다. 그는 이 책에서 1577년, 1580년의 혜성들이 (대기권이 아닌) 우주 공간에 등장한 별들임을 밝혀 놓았다. 그는 이 책에서 자신의 태양계 체계를 주창해 놓았는데, 달과 태양이 지구를 중심으로 공전하고, 다른 행성들을 태양을 중심으로 공전하는 체계였다. 이것은 프톨레미의 천동설 체계에서 코페르니쿠스의 태양 중심, 지동설 체계로 넘어가는 중간 단계라고 볼 수 있다.

티코가 지구의 공전을 믿지 않은 이유는, 연주시차를 관측할 수 없었기 때문이다. 티코의 주장에 따르면, 자신의 초정밀 관측으로도 연주시차를 발견할 수 없다면, 항성까지의 거리가 최소한 태양, 토성간 거리의 700배가 넘어야 한다. 그런데 항성의 거리가 그렇게 멀다면, 항성이 우리 눈에 보이는 정도의 밝기로 빛나려면, 그 크기가 최소한 태양, 지구간 거리 정도가 되어야 한다. 즉, 우리의 태양보다 훨씬 더 커야 한다. 물론, 항성들이 더 멀리 있다면, 그 크기는 그에 비례해 더욱더 커져야 한다.

티코의 이러한 주장은, 우주의 크기를 과소평가하고, 자신의 관측 능력을 과대평가한 결과이다. 실제로 가장 가까운 항성인 알파 켄타우루스 C까지의 거리는 4.21광년으로, 태양, 토성간 거리의 약 28,000배이다. 이 정도 거리이면 그 연주시차는 약 1초로서, 티코의 관측에 비해 30배 이상의 정밀도를 요구한다. 항성의 거리와 그 크기에 대한 그의 주장은 어처구니없는 계산 실수였다. 무엇보다도, 코페르니쿠스가 이미 40여 년 전에 올바른 태양계 체계를 주장해 놓았는데, 티코가 그것을 무시한 것은 큰 실수라고 하겠다.

티코는 1599년에 체코 프라하로 거처를 옮겼으며, 프라하에 천문대를 건설하였다. 티코는 1601년에 프라하의 어떤 파티에 참석하였다가, 소변이 마려운 것을 무리하게 참는 바람에, 방광에 병이 나서 며칠 후에 죽었다. 어쩌면 티코의 가장 중요한 업적은 케플러를 자신의 조수로서 고용한 일일 것이다.

신비주의에 빠진 케플러

케플러Johannes Kepler(1571~1630)는 독일의 천문학자이다. 그는 오스트리아 그라쯔에서 수학 선생으로 일하다가, 1600년에 체코 프라하에서 티코의 조수로 고용이 되었다. 그는 티코의 방대한 관측 자료들을 정리하는 일을 맡았는데, 1601년에 티코가 어이없는 사건으로 사망한 이후, 그 자료들을 바탕으로 자신의 천문학 이론을 정립하기 시작했다.

케플러에게 닥친 가장 큰 난문제는 화성의 운동을 설명해 줄 수 있는 이론이었다. 사실, 프톨레미가 주전원 체계를 도입한 것도 화성 때문이었고, 코페르니쿠스가 주전원을 버리고 태양 중심 체계를 도입한 것도 화성 때문이었다. 그런데 티코는 그들보다 훨씬 더 정밀하게 관측한 자료를 남겼기 때문에, 화성은 또다시 기존 이론의 틀을 벗어나 버린 것이다.

유럽의 천문학자들은 원운동만을 사용하여 천체의 운동을 설명하려는 경향이 강하게 있었다. 그 이유는 아리스토텔레스와 유클리드 때문이었다. 아리스토텔레스는 천체들은 완벽하며, 원운동만이 완벽한 운동이라고 주장하였다. 아리스토텔레스는 유럽의 사상을 지배하는 가장 위대한 철학자였으니, 그의 틀을 벗어나기는 매우 어려웠다. 그리고 유클리드는『기하학 원론』에서 직선과 원을 다루었을 뿐, 다른 어떠한 곡선도 제시해 놓지 않았다. 이 두 거장이 유럽의 사상과 수학을 지배하고 있었으니, 천문학자들은 원 이외의 다른 곡선을 고려하지 않았다.

그러나 케플러는 과감하게 타원을 도입하였다. 그가 타원을 도입한 까닭은, 원운동으로는 도저히 화성의 운동을 설명할 수 없었기 때문이다. 티코는 0.5분 이내의 오차로 화성을 관측하였는데, 케플러는 수 년 동안 수십 가지 방법으로 원궤도를 도입해 계산하였지만, 티코의 정밀한 관측과 일치하는 이론을 만들어 낼 수 없었다. 케플러는 수 년 동안 '화성과의 전쟁'에 매달렸으며, 마침내 원궤도로는 만족스러유 이론이 나올 수 없다는 결론을 내리고 그 대안으로서 타원궤도를 시도해 본 것이다.

케플러는 태양을 타원궤도의 중심에 놓고 계산해 보았으나, 결과는 여전히 실패였다. 그런데 태양을 타원의 한 초점에 놓고 계산해 보니, 드디어 만족스러운 결과가 나왔다. 화성의 공전 궤도는 타원이며, 태양은 한 초점에 놓여 있었던 것이다. 케플러는 이제 화성의 적당한 속력을 계산해 보았으며, 화성과 태양을 잇는 반지름이 일정한 시간 동안 일정한 넓이를 그린다는 법칙을 발견할 수 있었다. 케플러는 행성 운항에 대한 이 두 법칙들을 1605년에 얻었으며, 그 후 1609년에『신천문학』을 출판하여 이것들을 세상에 알렸다.

케플러는 일생 동안 경제적으로 상당한 어려움을 겪었다. 당시 독일은 정치적으로 불안정한 상황이었으며, 케플러의 어머니가 마녀로 몰려 종교 재판을 받는 등, 온갖 어려움이 닥쳤다. 케플러는 돈을 벌기 위해서 점성술가로서 활동하였다. 그는 뛰어난 천문학자였으며 동시에 유명한 점성술가였던 것이다.

그의 이러한 활동은 신비주의에 빠지도록 만들었다. 그는 행성들의 거리에 대한 '창조주의 심오한 기하학적 조화'를 찾았던 것이다. 즉, 다섯 종류의 정다면체들을 차례차례 구면에 내접, 외접시키며, 그 반지름으로써 행성들의 공전 궤도 반지름을 이끌어 내려 한 것이다. 그는 이렇게 심오한 기하학적 배열로서 구한 반지름이 실제와 잘 일치한다며 기뻐하였다. 그러나 이러한 이론은 현학적 즐거움은 될 수 있을지 몰라도, 창조주가 그렇게 심오한 기하학적 수수께끼를 냈을 것 같지는 않다.

지참금에 시달린 갈릴레오

갈릴레오Galileo Galilei(1564~1642)는 이탈리아의 위대한 물리학자이자 천문학자이다. 그는 물체의 낙하 법칙을 규명하여서, 운동에 관한 뉴턴의 제 1 법칙, 제 2 법칙을 (거의) 완성하였고, 최초로 망원경을 사용하여 천체를 관측, 목성의 위성들을 발견하였다. 그는 천동설을 물리치고 지동설을 확립하는 결정타를 날렸으며, 현대 과학의 아버지라 불린다.

갈릴레오의 아버지 빈센치오는 음악가로서, 돈을 벌지 못해 가난한 형편이었다. 아버지 빈센치오가 사망한 이후, 갈릴레오는 장남으로서 가족의 생계를 책임져야 했다. 남동생 미켈란젤로는 아버지처럼 음악가가 되었는데, 집안 살림에 전혀 보탬이 되지 못했다. 갈릴레오가 직면한 가장 큰 문제는, 두 여동생 버지니아, 리비아를 결혼시키는 일이었다.

당시 이탈리아의 결혼 풍습은, 결혼할 때 신부가 매우 큰 금액의 지참금을 가지고 가야 한다. 그런데 미켈란젤로는 전혀 돈을 벌지 못했고, 오히려 시시때때로 갈릴레오에게서 돈을 얻어 가는 형편이었으니, 두 여동생의 지참금은 전적으로 갈릴레오가 부담할 수밖에 없었다.

버지니아는 1591년에 결혼하였다. 그녀의 남편과 흥정을 한 끝에 지참금의 액수가 결정되었는데, 갈릴레오의 연봉의 몇 배에 해당하는 큰 금액이었다. 갈릴레오는 몇 년에 걸쳐 나누어 지불해 주기로 약속하였다.

그 후 1601년에 리비아가 결혼을 하게 되었다. 갈릴레오는 버지니아의 지참금 때문에 여전히 큰 빚을 지고 있는 상태였다. 그는 일단 600 플로린을 빌려서 지불하였고, 그 후 5년 동안 매년 200 플로린을 더 지불하기로 약속하였다. 그러나 리비아의 남편은 그 이후에도 계속 집요하게 더 많은 돈을 요구하여 받아갔다.

갈릴레오는 학생들을 모아 개인 교습을 하여서 생활비에 보태었다. 그리고 여러 가지 복잡한 계산을 간단하게 할 수 있는 기하학적 컴퍼스를 발명, 제작하여 팔아서 약간의 돈을 벌 수 있었다. 갈릴레오는 1610년에 투스카니 대공의 수학자로 임명이 되면서 비로소 두 여동생의 지참금 부담에서 벗어날 수 있었다.

갈릴레오 본인이 결혼하면서 지참금을 받았더라면 보탬이 되었을 텐데, 현실은 그렇지가 않았다. 갈릴레오의 부인은 마리나 감바였다. 이 두 사람은 베네치아에서 만나 연애결혼 하였다. 지참금은 없었다. 더구나 이들은 결혼증명서를 발급받지 못했으니, 이들의 세 자녀 버지니아, 리비아, 빈센치오는 법적으로 사생아였다.

갈릴레오는 20여 년 간 두 여동생의 지참금에 시달렸기 때문에, 자신의 두 딸은 결혼시키지 않기로 굳게 결심하였다. 만약에 결혼한다면 그 지참금은 물론 갈릴레오가 부담해야 하겠지만, 자신의 사후에 어린 아들 빈센치오에게 그 부담이 전가될 것이 두렵기도 했다. 그래서 갈릴레오는 두 딸을 수녀로 만들었다. 버지니아, 리비아는 두 고모 버지니아, 리비아 때문에 본인들은 결혼을 하지 못한 것이다.

그 후 버지니아는 과로와 질병 때문에 갈릴레오의 생전에 사망하여서, 갈릴레오의 가슴이 찢어지게 만들었다. 위대한 과학자들이 돈이 없어서 생활고에 시달리고, 가족 문제 때문에 고통스러워하는 것을 보면, 결국 그들의 삶 자체는 평범한 보통 사람들의 삶과 다를 게 없는 것 같다.

밀물, 썰물에 집착한 갈릴레오

갈릴레오는 투스카니 대공국 피사에서 태어났으며, 피사 대학에서 공부를 하고 피사 대학 교수가 되었다. 그는 1592년에 베네치아 공화국 파두아 대학의 교수가 되었다. 갈릴레오는 베네치아에서 밀물, 썰물의 엄청난 규모에 감탄하였다. 그의 고향인 피사 부근은 넓은 지중해의 열린 바다를 접하고 있어서 밀물, 썰물의 규모가 작았다. 그러나 베네치아는 막힌 바다인 아드리아해의 끝부분에 위치하고 있어서, 밀물, 썰물의 규모가 컸다. 갈릴레오는 마리나 감바와 같이 곤돌라를 타면서, 베네치아의 수로에 바닷물이 밀려들고 빠져나가는 것을 감상하였다.

밀물, 썰물의 원인은 오랜 세월 서양의 철학자들을 괴롭힌 수수께끼였다. 뱃사람들은 밀물의 원인이 달과 관계가 있음을 잘 알고 있었다. 즉, 그 지역의 하늘 정남 방향에 달이 위치하면 밀물이 된다. 이것은 달이 바닷물을 끌어당기기 때문이라고 해석할 수 있다. 그리고 그것으로부터 90도 방향에 달이 위치하면 썰물이 된다. 이것은 달이 바닷물을 다른 지역으로 당기기 때문에, 바닷물이 빠져나가서 썰물이 된다고 해석할 수 있다.

그러나 문제는, 달이 180도 정반대 위치에 있을 때 왜 밀물이 되느냐 하는 것이다. 달이 물을 당겨서 밀물이 되는 것이라면, 달이 정반대 위치에 있는 경우에 당연히 썰물이 되어야 할 것 같다. 이 때문에 많은 철학자, 물리학자들이 당혹해했던 것이다.

사실, 정답은 간단한 데 놓여 있었다. 밀물, 썰물의 원인은 달의 '인력'이 아니라, 달의 '인력의 차이'인 것이다. 즉, 달이 지구 전체에 똑같은 크기의 인력을 작용하면, 밀물, 썰물은 생기지 않는다. 바닷물은 항상 일정한 높이를 유지할 것이다. 그런데 실제로는 달의 인력이 '차이가 나게' 작용한다.

예를 들어, 어느 지역의 천정에 달이 위치해 있다고 가정하자. 그러면 그 지역은 지구가 평균적으로 받는 달의 인력보다 더 큰 인력을 받는다. 그러니 그 '인력의 차이'는 천정 방향으로 당기는 힘이 된다. 그래서 밀물이 생기는 것이다. 이제 그 지역의 180도 정반대쪽에 달이 위치해 있다고 가정하자. 그러면 달의 인력은 (그 지역에서 보았을 때) 반대쪽으로 작용하고 있으며, 그 지역은 가장 작은 인력을 받고 있다. 그러니 '인력의 차이'를 구해 보면, 천정 방향으로 작용하는 힘이 된다. 그렇기 때문에 달이 반대쪽에 있을 때에도 오히려 밀물이 생기는 것이다.

태양이 밀물, 썰물에 끼치는 영향이 달보다 훨씬 작은 것도 이 때문이다. 태양이 지구에 작용하는 인력은 달이 작용하는 인력에 비해서 약 180배이다. 그러나 태양은 워낙 멀리 있기 때문에, 그 '인력의 차이'는 작게 나타난다. 달은 비교적 가까이 있기 때문에, 지구의 가까운 지점과 먼 지점의 거리 차이가 상대적으로 크며, 그래서 '인력의 차이'가 크기 때문에, 태양에 비해서 두 배 이상의 영향력을 행사하는 것이다.

1687년에 뉴턴이 이 문제의 정답을 제시할 때까지, 유럽의 물리학자들은 온갖 종류의 오답을 제기하며 혼란 속에 빠져 있었다. 갈릴레오도 그들 중의 한 명이었다. 그는 거의 40여 년 동안 밀물, 썰물에 집착하며 그 원인을 찾았지만, 결국 틀린 답을 제출하였다. 1632년에 출판한 『대화』에서, 지구의 공전, 자전 운동 때문에 밀물, 썰물이 생긴다고 주장한 것이다. 마치 물그릇이 불규칙하게 움직이면 물이 이쪽, 저쪽으로 쏠리듯이, 공전, 자전이 합쳐지면 속력이 불규칙해져서, 지구라는 거대한 물그릇에 담겨 있는 물이 이리저리로 쏠린다고 주장한 것이다.

갈릴레오의 이 이론은 완전히 틀린 것이며, 그에게 큰 불행을 가져다주었다. 그가 종교 재판에 회부된 이유 중의 하나는, 지구의 "존재하지 않는" 운동을 밀물, 썰물의 원인으로 주장하였다는 것이었다.

해왕성을 발견한 갈릴레오

망원경을 발명한 사람은 네덜란드의 안경 제조가들이었다. 이들은 1600년대 초에 우연히 망원경을 발명하였으며, 몇 년 뒤에는 유럽의 몇몇 대도시에서 잡상인들이 서너 배 정도 성능의 망원경을 판매할 정도로 보급이 되었다. 갈릴레오는 망원경을 손에 넣자 그 원리를 파악하고 나서, 직접 렌즈를 갈아 더욱 뛰어난 성능의 망원경을 제조하려 노력하였다.

갈릴레오는 1609년에 10배 정도 성능의 망원경을 제작하는 데 성공하였으며, 그 망원경으로 천체들을 관찰하기 시작하였다. 그러자 놀라운 광경이 눈앞에 펼쳐졌다. 달은 높은 산과 깊은 골짜기가 있어서 울퉁불퉁한 지형이었다. 금성은 마치 달처럼 그 모양이 변화하였다. 무엇보다도 충격적인 사실은, 목성은 그 주위를 회전하는 달들을 거느리고 있었다. 갈릴레오는 이 놀라운 관찰들을 기록하여 1610년에 『별들의 메신저』를 출판하였다.

유럽의 지식인들은 엄청난 충격을 받았다. 이 모든 결과는 우주에 대한 아리스토텔레스의 가르침에 완전히 어긋나는 것들이었다. 일부 철학자들은 갈릴레오가 허상을 본 것이라며 그 발견을 전적으로 부인하였다. 그러나 천문학자들은 앞다투어 갈릴레오의 책을 구입하였으며, 망원경을 제작하기에 바빴다.

갈릴레오는 이 엄청난 발견 덕분에 개인적으로도 큰 이득을 보게 되었다. 간절하게 원하던 자신의 고향 투스카니 대공국으로 금의환향하게 된 것이다. 대공의 수학자로 임명되어 경제적 안정을 얻었으며, 유럽 전역에 이름을 떨친 유명인사가 되었다.

갈릴레오는 그 이후에도 망원경을 더욱 개선하였고, 천체 관측을 꾸준하게 계속하였다. 그가 특히 주력해서 관측한 것은 목성의 네 개의 위성 이오, 유로파, 가니메데, 칼리스토였다. 이들을 발견하기 이전의 모든 천체들은 지구를 중심으로 회전한다는 것이 기존의 천문학 이론이었다. (물론, 실제로는 태양을 중심으로 회전한다.) 그런데 이들은 공전 운동의 중심이 지구가 아닌 것으로 명백하게 증명된 최초의 천체들이었다. 그러니 천동설 이론을 깨부술 유력한 증거였던 것이다.

그리고 갈릴레오는 이들의 공전 주기를 정확하게 구하고 싶었다. 이들은 목성에 가까운 위성일수록 공전 주기가 짧았고, 먼 위성일수록 공전 주기가 길었다. 이러한 성질은 태양계의 행성들의 공전 운동과도 잘 일치한다. 마치 태양계의 축소판과 같았다. 갈릴레오는 1617년까지 꾸준하게 관찰하여서, 이들의 공전 주기를 매우 정확하게 구하는 데 성공하였다.

그런데 1612년에서 1613년에 이르기까지, 갈릴레오는 목성의 부근에서 어떤 희미한 별을 관측하고 기록하였다. 그 별은 언뜻 보면 항성인 것 같았지만, 갈릴레오는 몇 달 간의 기록을 통해서 그것이 다른 항성들을 배경으로 하여 위치가 바뀐 것을 관찰, 기록하였다. 즉, 그 별은 새로운 행성이었다. 갈릴레오가 이 놀라운 발견을 다른 천문학자들에게 널리 알리지 않은 것은 큰 실수였다.

수성, 금성, 화성, 목성, 토성은 이미 수천 년 전에 동양, 서양의 천문학자들이 발견하였다. 그러나 그 후 새로운 행성이 발견되기까지 수천 년의 세월을 기다려야 했다. 허셸William Herschel이 1781년에 천왕성을, 르베리에Urbain Le Verrier, 아담스John Couch Adams가 1846년에 해왕성을 발견한 것이다.

그 후 천문학자들이 해왕성의 궤도를 구하고 나서 역산해 보니, 갈릴레오가 발견한 미지의 별이 해왕성임이 밝혀졌다. 갈릴레오는 새로운 행성을 최초로 발견한 영광을 아깝게 놓쳐버렸으며, 해왕성은 234년 간 숨어 지내다가 재발견된 것이다.

달까지의 거리를 착각한 뉴턴

뉴턴Isaac Newton(1642~1726)은 만유인력 이론으로 천체들의 운동을 규명한 위대한 과학자이다. 뉴턴 이전 세대의 과학자인 갈릴레오는 물체의 낙하 법칙을 완벽하게 정립해 놓았다. 그리고 갈릴레오와 동시대 인물인 케플러는 행성들의 운행 법칙을 발견하였다. 뉴턴 시대의 물리학자들이 해결해야 할 과제는, 이 두 이론을 묶어 줄 수 있는 통일된 역학 이론이었다.

뉴턴이 사과가 떨어지는 것을 보고 만유인력을 발견했다는 유명한 일화가 있지만, 사실 이것은 캠브리지에서 있었던 일이 아니다. 뉴턴은 1666년에 캠브리지를 떠나 고향에서 머물고 있었으며, 정원을 손질하다가 사과가 떨어지는 것을 보고, 문득 지구의 인력이 (사람들의 생각과 달리) 매우 멀리까지, 즉 달까지 미칠 것이라는 생각이 들었다.

지표면에서는 사과이든 또는 다른 어떠한 물체이든, 지구 중심을 향해서 낙하하며, 갈릴레오는 그것을 잘 연구해 놓았다. 지표면 근처에서는 그 인력이 일정하다고 가정할 수 있다. 그러나 그 거리가 매우 멀어져 우주에 이른다면, 아마 그 인력이 약해질 것이다.

예를 들어 태양의 빛이 퍼져나가는 것을 생각해 보자. 거리가 두 배가 되면 그 빛은 사분의 일로 약해지고, 거리가 세 배가 되면 그 빛은 구분의 일로 약해진다. 이것은 그 넓이가 네 배, 아홉 배가 되기 때문이다. 마찬가지 원리로 생각해 보면, 인력의 원인이 무엇인지 알 수는 없지만, 거리가 두 배가 되면 사분의 일이 되고, 거리가 세 배가 되면 구분의 일이 되리라고 예상할 수 있다. 즉, 인력이 마치 빛처럼 퍼져 나간다고 가정하면, 그 힘은 거리의 제곱에 역으로 비례할 것이다. 그러니 지구의 인력이 달에까지 미친다 하더라도, 지표면에서의 인력과 비교해서 매우 약해질 것이다.

뉴턴은 자신의 고향에서 인력에 대한 개념을 이렇게 확장하였다. 그 후 캠브리지로 돌아와서, 그는 자신의 생각이 과연 맞는지 계산을 통해 확인해 보았다. 지표면에서의 인력은 물체의 낙하 가속도를 구해야 한다. 그런데 실제로 물체를 낙하시켜 측정하지는 않는다. (이 방법은 매우 부정확하다.) 그 대신에, 진자를 오랜 시간 진동시켜 주기를 정확하게 구해서, 길이와 주기를 가지고 계산을 하는 방법으로 낙하 가속도를 구할 수 있다. 이렇게 하면 인력에 의한 가속도를 매우 정확하게 구할 수 있다.

이제 뉴턴은 달의 가속도를 계산해 보았다. (뉴턴은 이러한 계산을 통해서, 미분법을 개발하고 발전시킬 수 있었다.) 그리고 과연 지구의 인력이 거리의 제곱에 역으로 비례해 줄어드는지, 두 개의 계산 결과를 비교해 보았다. 그러나 안타깝게도, 그 결과는 일치하지 않았다. 뉴턴은 크게 실망하였으며, 지구의 인력이 달까지 미친다는 개념을 (당분간) 포기하고 말았다.

그러나 몇 년 후, 뉴턴은 자신이 달까지의 거리를 잘못 알고 있었음을 깨달았다. 틀린 데이터를 사용해서 계산했던 것이다. 뉴턴은 올바른 데이터를 손에 넣고 나서 다시 계산해 보았다. 그러자 그가 원하던 결과가 나왔다. 지구의 반지름과 비교해서, 지구의 중심에서 달의 중심까지의 거리는 60배였다. 그리고 달의 (지구를 향한) 가속도는 지표면에서의 물체의 낙하 가속도의 3,600분의 1이었다. 지구의 인력이 실제로 달에까지 미치며, 거리의 제곱에 역으로 비례한다는 사실을 확인한 것이다.

뉴턴은 1687년에 『프린키피아』를 출판하여 과학 혁명을 완성하였지만, 가장 핵심인 만유인력 개념을 완성한 것은 바로 지구를 향한 달의 가속도 계산이었다. 이 가속도가 자신의 이론과 일치함을 확인함으로써, 우주의 모든 물체들이 서로 인력이 작용한다는 개념을 완성한 것이다.

하느님이 "뉴턴이 있으라" 말씀하시니

뉴턴은 평생 독신으로 살았다. 경제적으로 별 어려움은 없었고, 가족 때문에 마음 고생을 할 일도 없었다. 일평생 조용히 연구에 전념할 수 있었던 것이다. 그는 내성적인 성격으로서, 남들과 어울리는 것을 싫어하였다. 1680년대 무렵, 그는 놀라운 연구 결과들을 차곡차곡 쌓아가고 있었지만, 그것들은 모두 세상에 모습을 드러내지 않은 채 뉴턴의 서랍 속에서 잠자고 있었다.

어느 날, 핼리Edmond Halley(1656~1742), 후크Robert Hooke(1635~1703), 렌Christopher Wren(1632~1723), 이렇게 세 사람이 모여 태양의 인력과 혜성의 궤도에 대하여 논의를 하였다. 태양의 인력이 거리의 제곱에 역으로 비례한다는 개념은 그 당시 물리학자들 사이에 공감대가 형성되어 있었다. 그러나 혜성이 행성들처럼 타원 궤도를 그리며 주기적으로 등장하는지, 아니면 한 번 등장하고 나서 영원히 사라지는지 여부는 확인되지 않고 있었다. 혜성은 태양을 향해 접근할 때 그 모습이 보이고, 근일점을 지나 태양에서 멀어질 때 다시 보이는데, 그것들이 한 개의 동일한 혜성인지, 아니면 두 개의 서로 다른 혜성인지 여부도 확실하지 않았다.

이들 세 명은 1680년과 1681년에 등장한 두 개의 (어쩌면 동일한) 혜성에 대해서 갑론을박을 하였지만, 결론을 내릴 수 없었다. 그러다가 핼리는 문득 뉴턴이 생각났다. 은둔형 대천재 뉴턴은 어쩌면 답을 알고 있을 거라는 생각이 들었다.

핼리는 뉴턴을 찾아가서, 거리의 제곱에 역으로 비례하는 인력을 받으면, 물체는 어떤 운동을 하게 되는지 물어 보았다. 뉴턴은 타원 궤도를 그리게 된다고 즉시 답하였다. 핼리는 깜짝 놀라서, 그것을 증명할 수 있느냐고 물어 보았다. 뉴턴은 몇 년 전에 증명하였다며, 서랍을 열어서 찾아보았다. 뉴턴의 서랍 속에는 온갖 종류의 증명을 적어 놓은 종이들이 수북하게 쌓여 있었다.

뉴턴은 그것을 당장 찾을 수가 없다며, 며칠 후에 다시 방문해 달라고 부탁하였다. 며칠 후 뉴턴의 증명을 보게 된 핼리는 큰 충격을 받았다. 불과 두 페이지의 짤막한 증명으로, 타원 궤도를 그리게 됨을 증명해 놓았던 것이다. 게다가 그 증명은 너무나 간단하고 알기 쉬워서, 누가 보더라도 논란의 여지가 없었다. 케플러는 몇 년 간 화성과의 전쟁을 통해서 타원 궤도를 발견하였지만, 뉴턴은 불과 두 페이지의 짧은 증명으로 우주의 신비를 밝혀 놓은 것이다.

뉴턴은 그 이외에도 수많은 연구 결과들을 수북이 쌓아 두고 있었다. 핼리는 뉴턴에게, 그 모든 연구 결과들을 정리하여 책으로 출판하라고 권유하였다. 뉴턴은 처음에는 망설였지만, 핼리의 꾸준하고 진실한 설득에 마음이 움직였다. 뉴턴은 몇 년 동안 그것들을 정리하여 책을 완성하였다. 핼리는 출판에 들어가는 상당한 비용을 자신이 부담하였다.

뉴턴이 자신의 연구 결과들을 발표하지 않고 쌓아 둔 것은 큰 실수라고 하겠다. 그것들은 어쩌면 영원히 발표되지 않은 채, 뉴턴 혼자만이 알고 있는 비밀이 될 가능성도 있었다. 그러나 핼리의 우연한 방문과 적극적인 권유 덕분에, 역사상 가장 위대한 과학 저작물인 『프린키피아』가 탄생할 수 있었다. 뉴턴의 묘비에는

> 자연과 자연의 법칙은 어둠에 잠겨 있었는데
> 하느님이 "뉴턴이 있으라" 말씀하시니 모든 것들이 밝게 빛났다.

라고 새겨져 있다. 이는 시인 포프Alexander Pope가 쓴 글로서, 성경의 창세기 1장 3절에 빗대어서 뉴턴의 위대한 업적을 칭송한 것이다.

연금술사 뉴턴

핼리는 뉴턴에게 헌정하는 시를 써서 『프린키피아』에 실었다. 그 시의 뒷부분은 다음과 같다.

> "하늘의 감로주를 음미하며, 우리 모두 그의 이름을 찬양하자.
> 아이작 뉴턴. 그는 숨겨져 있던 진리의 보물을 발견하였다.
> 태양의 신이 찬란한 광채를 던져서, 그의 마음을 통해 빛을 발한다.
> 누가 신에게 더 가까이 갈 수 있을까."

뉴턴 본인은 "내가 더 멀리까지 내다볼 수 있었던 것은, 거인들의 어깨에 올라섰기 때문이다."라며 겸손해했다. 뉴턴이 말한 거인들이란 코페르니쿠스, 케플러, 갈릴레오를 가리킨다. 그러나 뉴턴 본인이야말로 가장 큰 거인이었다. 아리스타쿠스, 코페르니쿠스, 케플러, 갈릴레오가 제기한 탁월한 주장에 대해서, 뉴턴은 탁월한 증명을 제시한 것이다.

뉴턴은 『프린키피아』 이외에도 많은 업적들을 남겼다. 그는 미분과 적분을 개발하였고, 『광학』을 저술, 출판하였다. 그리고 뉴턴은 반사망원경을 개발, 제작하여 천문학의 발달에 크게 기여하였다. 그 이전의 망원경은 모두 렌즈식 굴절망원경이었는데, 이것들은 색수차가 있어서 고배율의 망원경을 제작하기가 어려웠다. 색수차를 줄이려면 렌즈를 초점거리가 길게 만들어야 했는데, 그러면 망원경이 너무 길어져서 제작 및 사용이 어려워졌다. 그러나 반사망원경은 색수차가 전혀 없어서, 훨씬 작으면서도 뛰어난 성능의 망원경을 만들 수 있었다. 오늘날 천문 관측에 사용하는 대형 망원경은 모두 뉴턴식 반사망원경이다.

그런데 뉴턴이 이렇게 과학 연구에만 매진한 것은 아니다. 그는 한편으로 연금술에 깊이 빠져 있었다. 그가 연금술을 연구하여 남긴 결과물들은 과학 연구 결과물들보다도 오히려 훨씬 더 분량이 많다. 그러니 결과물의 분량만 놓고 보면, 뉴턴은 과학자라기보다 연금술사인 것이다.

그러나 뉴턴이 아무리 역사상 가장 위대한 과학자라 하더라도, 금을 만들어 내는 일은 실패할 수밖에 없었다. 오늘날에도 일부 호사가들은 뉴턴이 어쩌면 금을 만들어 내는 방법을 발견했을 거라며, 그가 남긴 결과물들을 뒤지며 연구를 하지만, 이것은 영화의 소재는 될 수 있겠지만, 실제로 금맥이 발견될 것 같지는 않다.

뉴턴은 1696년에 왕립 조폐국의 간부로 임명되었다. 주위 사람들은 뉴턴이 봉급이나 받으며 실제로 하는 일은 없을 것으로 예상하였지만, 뉴턴은 진지하게 조폐국의 일에 매달렸다. 당시 영국의 금화, 은화는 위조된 것들이 많이 유통되고 있었고, 테두리를 조금씩 깎아서 양이 줄어든 것들도 많았다. 뉴턴은 위조범들을 엄격하게 처벌하였고, 불량 금화, 은화들을 수거하여서, 녹여 다시 주조하였다. 그리고 테두리를 톱니처럼 제작하여서, 깎아내는 것이 불가능하도록 만들었다.

뉴턴의 이러한 노력 덕분에, 영국의 금화, 은화는 훨씬 더 안정되게 유통될 수 있었으며, 경제적 혼란이 크게 줄어들었다. 뉴턴은 그 공로를 인정받아 1699년에 조폐국 국장으로 승진하였다. 금을 제작하는 일에는 실패하였지만, 금화를 제작하는 일에는 성공한 것이다.

절대시간, 절대공간은 존재하는가?

뉴턴은 『프린키피아』의 앞부분에서 절대시간, 절대공간 개념을 소개하였다. 뉴턴의 설명은 다음과 같다.

> "절대, 진짜, 수학적 시간이란 스스로 있으며, 외부의 어떠한 것과도 관계가 없이 자신의 본성에 따라서 늘 똑같이 흐른다. 이것을 지속이라고 부를 수도 있다. 절대공간이란 자신의 본성에 따라서 있으며, 외부의 어떠한 것과도 관계가 없고, 늘 똑같으며 움직이지 않는다."

뉴턴이 말하는 절대공간의 개념은, 삼차원 직교 좌표계라고 볼 수 있다. 즉, 거대한 크기의 직교 좌표계가 있어서, 우주의 모든 지점의 위치를 그 좌표로써 나타낼 수 있다고 생각하자. 그리고 절대시간의 개념은, 그 좌표계의 모든 위치를 통괄해서 흐르는 어떤 공통된 시간이다. 그러니 좌표와 시간이 주어지면, 우주의 어느 지점, 어느 순간이 확정되어 제시되는 것이다.

뉴턴은 이러한 절대공간, 절대시간을 물체들이 움직이는 물리학의 무대라고 본 것이다. 즉, 이 공간 자체, 시간 자체는 물체들이 없더라도 존재한다고 본 것이다. 그러나 뉴턴의 이러한 개념은 그 시대에 이미 공격을 받기 시작했다.

라이프니쯔Leibniz는 공간이란 물체들의 상대적인 위치일 뿐, 물체들이 전혀 없는 공간은 무의미한 개념이라고 주장하였다. 그리고 시간이란 물체들의 상대적인 운동일 뿐이라고 주장하였다. 버클리Berkeley 주교는 텅 빈 공간에 한 개의 구가 존재한다면, 그것이 회전한다 하더라도 정지해 있는 것과 구별되는 개념이 없다고 지적하였다.

현대에 들어 아인슈타인Einstein이 상대성 이론을 소개하면서, 뉴턴의 절대시간, 절대공간 개념은 깨어지고 말았다. 상대성 이론에 따르면, 시간과 공간은 물질과 같이 뒤엉켜 있는 개념이며, 물질 없이 시간과 공간만이 존재할 수는 없다. 그리고 우주 전체를 관할하는 통일된 시간은 존재하지 않는다.

예를 들어 태양에서 어떤 사건 A가 일어나고, 알파 켄타우루스 C별에서 어떤 사건 B가 일어났는데, 지구에서 관찰하니 사건 A가 있고 나서 4.21년 후에 사건 B가 일어났다고 하자. 그러면 사건 A가 실제로 사건 B보다 4.21년 빨리 일어났는가? 알파 켄타우루스 C별 부근에서 관찰해 보면, 사건 B가 사건 A보다 4.21년 빨리 일어났으며, 중간 지점에서 관찰해 보면 사건 A와 사건 B는 동시에 일어났다. 즉, 이 두 사건은 어느 것이 더 먼저이고 어느 것이 더 나중이라고 판단할 수가 없다. 우주 전체에 통일된 시간이 없기 때문이다.

오늘날 대부분의 과학자들은 물질이 없이 존재할 수 있는 뉴턴의 절대공간 개념을 배격하고 있다. 게다가 상대성 이론에 따르면, 물질의 존재는 공간 자체를 휘어지게 만든다. 예를 들어 태양이 있으면, 그 중력 때문에 그 주위의 공간이 휘어지게 된다. 그러니 뉴턴이 생각한 삼차원 직교 좌표계는 존재할 수 없다. 뉴턴의 이러한 개념들은 뉴턴 역학 체계에 잘 어울리는 발상이었지만, 상대성 이론에게 밀려 설 자리를 잃고 말았다.

뉴턴의 절대시간, 절대공간 개념은 (브루노의 무한 시간, 무한 공간 개념과는 달리) 종교계의 환영을 받았다. 우주 전체를 관장하는 절대신의 존재를 암시하는 것 같았기 때문이다. 실제로 뉴턴은 『프린키피아』의 끝부분에 다음과 같이 적어 놓았다. "하느님은 영원하며, 무한하며, 전능하며, 전지하다. 그의 지속은 영원 이전부터 영원 이후까지 이르며, 그의 존재는 무한한 곳에서 무한한 곳까지 이른다." 뉴턴이 말하는 하느님의 개념이 절대시간, 절대공간의 개념과 잘 일치함을 엿볼 수 있다.

돌아온 핼리 혜성

동양이든 서양이든, 혜성의 등장은 대개의 경우 불길한 징조로 간주되어 왔다. 전쟁, 전염병, 또는 대기근의 전조로 해석되었으며, 역관 또는 점성술가들이 사람들의 불안감을 해소하기 위해서 그것을 적당히 잘 해석한 예언을 내놓아야 했다.

사실, 서양의 철학은 하늘에 어떤 새로운 별의 등장을 허락하지 않았다. 아리스토텔레스에 따르면, 하늘은 완벽한 존재이기 때문에, 천체들은 원운동을 할 뿐, 어떠한 새로운 변화도 일어날 수 없다. 그래서 아리스토텔레스는 혜성이 대기권에서 일어나는 현상이라고 주장하였다.

그러나 1572년에 초신성, 1577년에 대혜성이 등장하여서, 유럽 전역은 충격에 빠졌다. 이것들이 대기권이 아닌 천체 현상임은 티코가 분명하게 증명하였으며, 오늘날 이것들은 티코의 초신성, 티코의 대혜성이라 부른다. (1577년의 대혜성은 주기가 수천 년 이상인 장주기 혜성으로서, 현재 태양계 바깥 멀리에 위치하고 있다.)

뉴턴이 1687년에 『프린키피아』를 출판함으로써, 천체의 역학은 완전히 규명되었다. 그러나 수천 년 간의 관찰 기록이 남아 있는 행성들과는 달리, 혜성들은 여전히 수수께끼에 휩싸여 있었다. 혜성이 행성처럼 타원궤도를 그리며 주기적으로 등장하는지, 아니면 한 번 등장하고 나서 영원히 사라지는지 여부는 여전히 밝혀지지 않은 상황이었다.

그 당시 가장 화려한 혜성은 1680년, 1681년의 혜성이었고, 1682년에 또 다른 혜성이 나타났다. 그러니 이것들에 대해서는 정확하고 믿을 수 있는 관찰 기록들이 있었다. 천문학자들은 이들의 궤도를 계산하기 시작했다. 뉴턴 본인도 자신의 이론을 앞세워 이들의 궤도를 밝히려고 시도하였다.

뉴턴은 1680년, 1681년의 혜성이 하나의 동일한 혜성이라 추측하고, 궤도를 계산해 보았다. 그러나 이 둘을 만족시키는 하나의 궤도를 구하는 데 실패하였다. 자존심이 상한 뉴턴은 이들에 대한 연구를 중단하고 말았다. (이들은 실제로 한 개의 혜성이다. 이 혜성은 주기가 수만 년 이상이고, 1680년 태양에 가장 가까이 접근했을 때 그 거리가 약 930,000km였다. 이 혜성은 태양에 워낙 가까이 접근하였기 때문에, 그 때 상당히 많은 질량이 증발하여 날아갔다. 그래서 운동량이 달라져서, 궤도 자체가 변화한 것이다. 즉, 근일점 이전과 이후의 관측 기록들을 만족시키는 통일된 궤도가 존재하지 않는 것이다.)

뉴턴의 절친이 된 핼리Edmond Halley(1656~1742)는 1682년의 혜성에게 도전하였다. 핼리는 옛날의 기록들을 확인해 보았는데, 1531년에 관측된 혜성, 그리고 1607년의 케플러 혜성이 비슷한 움직임을 보였음을 깨달았다. 핼리는 이 혜성의 주기가 약 76년이라고 판단하였다.

핼리는 끈기 있게 혜성의 궤도 문제에 매달렸는데, 목성과 토성의 중력이 혜성의 궤도에 영향을 끼칠 수 있음을 문득 깨달았다. 이 두 거대 행성들은 그 위치에 따라서, 혜성에게 인력을 작용하여서, 그 궤도에 약간의 변화를 줄 수도 있고, 원래 주기보다 1년 내지 2년 정도 더 늦게 등장하도록 만들 수도 있었다. 마침내 핼리는 1705년에 『혜성 천문학 개요』라는 짤막한 책을 출판하여서, 자신의 결론을 제시하였다. 1607년, 1682년의 혜성은 하나의 동일한 혜성이며, 1758년에 다시 돌아올 것이다.

핼리는 1742년에 사망하였으니 이것을 볼 수 없었지만, 실제로 1758년 크리스마스 밤에, 핼리 혜성은 다시 등장하였다. 혜성이 타원궤도를 그리며 주기적으로 다시 등장함이 최초로 증명된 것이다. 이것은 뉴턴 역학의 찬란한 금자탑이었으며, 핼리는 혜성의 공전을 최초로 증명한 사람이라는 명예를 얻게 되었다.

미분, 적분은 누가 먼저 발견하였는가?

1600년대 말에, 영국의 뉴턴과 독일의 라이프니쯔Gottfried Wilhelm von Leibniz(1646~1716) 사이에는 미분, 적분 개념을 누가 먼저 발견하였는가 하는 논쟁이 벌어졌다. 영국의 학자들은 모두 뉴턴의 편이 되고, 유럽 대륙의 학자들은 라이프니쯔 편이 되어서, 이 싸움은 영국과 유럽 대륙의 대결로 확대되었다.

뉴턴은 1666년 무렵에 미분 개념을 처음으로 개발하였다고 밝힌 바 있다. 이 시기는 뉴턴이 지구의 인력이 달에까지 미칠 것이라고, 그 때문에 달이 지구를 향해 가속이 되리라고 처음으로 생각한 시기였다. 그러니 달의 운동에 대한 속도 및 가속도를 연구하는 과정에서, 미분 개념을 개발하고 발전시켰음을 짐작할 수 있다.

뉴턴이 1687년에 출판한 『프린키피아』는 모두 『기하학 원론』의 이론을 바탕으로 증명을 해 놓았지만, 그 결과의 상당수는 사실 미분을 사용하여 얻었을 것이다. (라이프니쯔는 『프린키피아』를 읽어 보고 “거의 전부 미분”임을 알아차렸다.) 그리고 인력을 계산하는 과정에서, 정적분 개념도 필수적으로 등장한다. 그러니 1680년대 무렵에는 뉴턴이 미분 및 적분 개념을 거의 완성하였으며, 그것들을 자유롭게 사용하여 많은 결과들을 얻었다고 볼 수 있다.

그러나 뉴턴이 이것들을 발표한 것은 훨씬 더 훗날이었다. 뉴턴이 미분에 대한 자신의 개념과 기호를 출판한 것은 1693년이 처음이었다. 그렇지만 그보다 훨씬 이전인 1669년에, 뉴턴은 그의 스승 바로우에게 미분 개념을 담은 짤막한 논문을 전달한 일이 있으며, 이것은 수학자들 사이에 필사본으로 퍼져 나가 유럽 대륙에도 전달되었다.

반면에 라이프니쯔는 1670년대 무렵 미분, 적분 개념을 개발한 것으로 추정된다. 그가 주로 사용한 방법은 이른바 ‘무한소’ 미분법이다. 즉, 변수가 한없이 작게 변화할 때 어떤 일이 일어나는지 살펴 본 것이다. 그는 이 방법을 통하여 여러 가지 미분 공식들을 발견할 수 있었다. (함수의 곱을 미분하는 공식을 특히 라이프니쯔의 공식이라 부른다.)

오늘날 무한소 미분법은 수학에서 거의 사용되지 않고 있지만, 미분 개념이 처음으로 개발되던 초창기에, 이 방법은 매우 직관적이며 요긴하게 쓰일 수 있었다. 라이프니쯔는 함수, 미분, 적분과 관련된 많은 기호들도 개발하여 사용하였으며, 오늘날 우리들이 사용하는 미분, 적분 기호들은 거의 다 그가 개발한 것들이다. 라이프니쯔가 미분, 적분을 최초로 출판한 것은 1684년의 일이었다.

라이프니쯔와 뉴턴 사이에 미분, 적분 개념을 누가 먼저 개발하였느냐, 누가 보고 베꼈느냐는 싸움이 치열해져 갈 때, 영국의 수학자들은 뉴턴이 1669년에 쓴 짤막한 논문이 라이프니쯔의 손으로 흘러들어갔을 것이라고 주장하였다. 라이프니쯔는 이것을 강력하게 부인하였다. 반면에 뉴턴은 1687년에 위대한 저작물을 출판하였으니, 그 이전에 미분, 적분 개념을 완성하였음을 공인받을 수 있었다. 이미 뉴턴은 세계에서 가장 권위 있는 과학자가 되었으니, 뉴턴에게 감히 표절을 의심하기는 어려웠다. 그러니 싸움은 뉴턴에게 약간 유리하게 흘러갔다.

그러다가 라이프니쯔가 결정적인 실수를 범했다. 영국의 왕립 학회에 이 논란에 관련한 질의문을 보낸 것이다. 당시 영국 왕립 학회의 회장은 뉴턴이었다. 왕립 학회는 즉시 이 논란을 조사할 위원회를 구성하였다. 물론, 그 위원은 모두 뉴턴이 임명하였다. 그 위원회의 조사 결과 보고서는 당연히 뉴턴에게 유리한 결론을 내렸으며, 뉴턴이 직접 서명하고 출판을 하게 되었다. 라이프니쯔는 절망과 실의 속에 말년을 보내야 했다.

오늘날, 미분과 적분은 뉴턴과 라이프니쯔가 독립적으로 각각 개발하였음이 의심할 여지가 없이 받아들여지고 있다. 그리고 이 논쟁은 전혀 무의미하고 비생산적인 논쟁으로 간주되고 있다.

에테르를 찾아라

에테르aether는 우주 공간을 채우고 있다고 여겨진 상상의 물질이다. 에테르를 처음 제안한 사람은 아리스토텔레스였다. 그는 지구상의 물질은 물, 불, 공기, 흙의 4가지 원소들로 구성되어 있고, 우주는 제 5의 원소인 에테르로 구성되어 있다고 제안하였다. 그 이후 에테르의 개념은 약간씩 변화가 있었지만, 1900년 무렵에 이르기까지 유지되어 전해왔다.

프랑스의 철학자이자 수학자인 데카르트René Descartes(1596~1650)는 행성들의 운동을 설명하는 데 에테르를 사용하였다. 즉, 우주 공간에 가득한 에테르가 태양을 중심으로 회전 운동을 하여서, 행성들은 마치 흐르는 물에 떠내려가는 나뭇잎처럼, 에테르에 떠밀려 공전 운동을 한다고 설명한 것이다.

데카르트는 물체들이 서로 어떤 힘을 작용하려면 실제로 물리적인 접촉이 있어야 한다고 판단하였으며, 서로 멀리 떨어져서 직접적인 접촉이 없으면, 그들 사이에는 아무런 힘도 작용할 수 없다고 본 것이다. 데카르트의 이 개념은 틀린 것이다. 뉴턴은 『프린키피아』의 뒷부분에서 소용돌이 운동으로 행성의 공전을 설명할 수 없음을 증명해 놓았는데, 그것은 데카르트의 이론을 겨냥한 것이었다.

그러나 빛을 전달하는 매질로서 에테르의 존재는 여전히 유효한 개념이었다. 빛이 입자인지, 아니면 파동인지 여부는 오랜 세월 밝혀지지 않았지만, 후크Robert Hooke(1635~1703), 호이겐스Christiaan Huygens(1629~1695) 등의 이론 연구와 실험을 거쳐 파동설이 힘을 얻었다. 그 결과 에테르의 개념이 더욱 유력해졌다.

만약에 빛이 입자라면, 에테르는 필요하지 않다. 입자들은 진공 상태인 우주 공간에서 더 자유롭게 움직일 것이다. 그러나 빛이 파동이라면, 그 파동을 전달해 줄 매질이 필요할 것 같았다. 예를 들어, 소리는 공기의 진동이다. 그리고 수면에서 물결이 일어 전파되는 현상 등, 우리 주위에서 쉽게 접하게 되는 파동은 매질을 통해서 전달됨을 볼 수 있다.

마침내 마이켈슨Albert Michelson, 몰리Edward Morley는 1887년에 에테르를 탐지하기 위한 초정밀 관측 실험을 행하였다. 이들이 사용한 방법은 빛의 이동 시간이 달라서 생겨날 간섭 현상을 관측하는 것이었다. 그러나 이들의 관측 시도는 에테르를 탐지하는 데 실패했으며, 이들의 실험은 "역사상 가장 유명한 실패한 실험"이라 불린다.

그 이후에도 이들 두 사람은 물론 다른 여러 명의 물리학자들이 에테르를 탐지하기 위한 초정밀 관측을 행하였다. 기술이 발달함에 따라서, 관측 기구가 낳게 될 오차는 점점 줄어들었고, 더욱더 초정밀 관측을 할 수 있게 되었다. 그러나 그 어떠한 관측도 에테르의 존재를 증명하지 못했다.

그러자 물리학자들 사이에서 에테르의 존재에 대한 회의적인 견해가 생겨났다. 사실, 에테르가 존재한다는 그 어떠한 증거도 제시된 적이 없다. 다만 아리스토텔레스가 심어 놓은 선입견이 있을 뿐이다. 일부 물리학자들은 에테르의 대안을 찾기 시작하였다.

마침내 1905년에 아인슈타인Einstein이 상대성 이론을 발표함으로써, 물리학자들은 에테르로부터 벗어날 수 있었다. 아인슈타인이 상대성 이론을 개발하게 된 동기는 여러 가지가 있지만, 그 중의 하나는 에테르 없이 빛의 전달을 설명하려는 것이었다.

플로지스톤

플로지스톤phlogiston은 연소 현상을 설명하기 위해서 화학자들이 고안해 낸 원소로서, 이것을 처음 제안한 사람은 독일의 화학자 베처Johann Joachim Becher(1635~1682)이다. 그는 1667년에 출판한 책에서 (기존의 4원소 이론과 다른) 잘 연소되는 성질을 가진 새로운 원소를 제안하였다. 그 후 1703년에 독일의 화학자 스탈Georg Ernst Stahl(1659~1734)이 이 원소를 플로지스톤이라 이름 붙이면서, 이 이론이 크게 영향을 끼치게 되었다.

이 이론에 따르면, 잘 연소되는 성질을 가진 물질에는 플로지스톤이 들어 있으며, 플로지스톤이 물질에서 벗어날 때 많은 열과 빛을 낸다. 즉, 연소 현상은 물질 속에 들어 있던 플로지스톤이 빠져나오는 현상이다. 그리고 금속이 녹이 스는 현상도 플로지스톤이 빠져 나오는 현상인데, 이 경우는 매우 느리게 빠져 나온다. 석탄 또는 기름은 매우 순수한 플로지스톤 물질이라고 볼 수 있다.

밀폐된 작은 공간에서 물질을 연소시켜 보면, 연소 현상이 곧 중단되는데, 그 이유는 공기가 흡수할 수 있는 플로지스톤의 양에 한계가 있기 때문이다. 즉, 공기에 그 한계치만큼 플로지스톤이 가득

차면, 더 이상 플로지스톤을 받아들일 수 없으니, 물질은 연소할 수 없다. 그리고 이러한 공기 속에서는 동물들이 숨을 쉴 수 없다. 왜냐 하면 호흡이란 플로지스톤을 몸 속에서 공기 속으로 내보내는 현상이기 때문이다. (즉, 연소 현상에서 산소의 정반대 기능을 하는 것으로 플로지스톤을 설명한 것이다.)

1772년에 질소가 발견되자, 화학자들은 질소를 "플로지스톤이 가득 찬 공기"라 불렀다. 즉, 이미 플로지스톤이 최대한으로 들어 있기 때문에, 그 속에서는 연소가 되지 않는다고 판단한 것이다. 그 후 1773년에 산소가 발견되었으며, 산소는 반대로 "플로지스톤이 결핍된 공기"라 불렀다. 즉, 플로지스톤이 전혀 없는 상태이기 때문에, 플로지스톤이 그 속으로 들어가려는 현상이 맹렬하게 일어난다고 본 것이다. 산소 속에서는 연소 현상이 급격하게 잘 일어나는데, 그것을 이런 방식으로 설명한 것이다.

그러나 플로지스톤 이론을 회의적으로 판단한 화학자들도 많았으며, 이들은 실험을 통해서 이 이론을 깨트려 나갔다. 마그네슘을 비롯한 몇몇 금속들은 연소를 하고 나면 무게가 오히려 증가한다. 플로지스톤 이론을 옹호하는 화학자들은 플로지스톤의 무게가 음이거나 또는 공기보다 가볍다는 설을 제시하였지만, 화학 반응에 따른 무게 변화를 정밀하게 측정한 실험 결과들이 쌓여가면서, 플로지스톤은 점점 밀려나기 시작하였다.

플로지스톤 이론에 결정타를 날린 사람은 프랑스의 위대한 화학자 라부아지에Antoine Lavoisier(1743~1794)였다. 그는 프랑스의 귀족으로서, 현대 화학의 아버지라 불린다. 그는 산소와 수소를 연구하고 그 이름을 붙였으며, 황이 하나의 원소임을 밝혔고, 원소들의 종류를 최초로 정리하였다. 그는 또한 프랑스가 미터법 체계를 도입하는데 기여하였다. 그리고 화학 반응에서 질량 보존의 법칙을 발견하였다. 라부아지에는 연소 현상이 산소와의 결합 현상임을 분명하게 밝힘으로써, 플로지스톤은 사라지게 되었다. 사실, 플로지스톤 이론은 데이터를 거꾸로 해석한 전형적인 실수였다.

라부아지에는 프랑스 혁명 이후 단두대에서 처형되었다. 라그랑주Joseph Louis Lagrange(1736~1813)는 "그의 머리를 자르는 것은 한 순간이었지만, 프랑스에 그런 머리가 다시 태어나려면 백 년 이상이 필요할 것"이라며 위대한 화학자의 죽음을 안타까워했다.

불꽃같은 삶을 산 갈로아

갈로아Évariste Galois(1811~1832)는 프랑스의 천재 수학자이다. 그는 대수학 분야에서 방정식을 대수학적으로 풀 수 있는 필요충분조건을 발견하였고, 그룹 이론을 개발하였다. 그 당시 프랑스는 정치적으로 극심한 혼란을 겪고 있던 격동기였다. 그는 혼돈의 시대를 온몸으로 부딪쳐 싸워나가며 불꽃같은 삶을 살았다. 갈로아는 파리 근교의 보르그 라레인 지역에서 태어났으며, 그의 아버지는 그 지역 공화파 간부였다.

갈로아는 어린 시절 학업에는 그다지 흥미가 없었던 것 같다. 그렇지만 르장드르Legendre가 쓴 기하학 책을 14세에 접하고, 마치 소설처럼 재미있게 읽으면서, 단번에 완벽하게 이해했다고 한다. 그리고 라그랑주Lagrange가 쓴 대수학 책을 15세에 공부하였는데, 이것의 그의 대수학 이론에 바탕이 된 것 같다. 그 이후 갈로아는 혼자 대수학을 연구하면서, 천재성을 드러내기 시작하였다.

갈로아는 1829년에 두 개의 논문을 과학 학회에 제출하였다. 당대의 저명한 수학자인 코시Augustin Louis Cauchy(1789~1857)가 그것을 심사하였는데, 코시는 게재 불가 판정을 내렸다. 코시가 그렇게 판단을 한 정확한 이유는 알려지지 않았지만, 코시는 갈로아의 연구의 중요성을 깨달았던 것 같다. 코시는 갈로아에게, 그 두 논문을 좀더 다듬고, 하나의 논문으로 결합하여 제출하라고 조언하였다. 코시는 갈로아의 논문이 과학 학회의 대상을 수상하리라고 예상하였다.

코시의 조언을 따라서, 갈로아는 1830년에 한 개로 정리한 논문을 제출하였다. 그 논문은 푸리에Joseph Fourier(1768~1830)가 심사하게 되었다. 그러나 푸리에는 갑자기 사망하였고, 갈로아의 논문은 사라져 버렸다. 결국 그 해의 대상은 야코비Carl Gustav Jacob Jacobi(1804~1851)와 아벨Niels Henrik Abel(1802~1829)이 받게 되었다. 아벨은 노르웨이의 수학자로서, 5차방정식은 대수학적 풀이법이 존재하지 않음을 최초로 증명하였으며, 사후에 상을 받은 것이다.

갈로아는 중요한 논문을 잃어버렸지만, 1830년에 세 개의 논문을 출판하는 데 성공하였다. 한 개는 갈로아 이론을 제시한 것이었고, 다른 한 개는 방정식의 근을 구하는 수치해석적 방법을 소개한 것이었고, 세 번째 논문은 정수론에 관한 것이었다.

그 당시 프랑스는 왕당파와 공화파로 나뉘어서 극심한 정치적 대립이 있었으며, 갈로아는 공화파로서, 1830년 무렵부터 극렬한 정치적 활동을 하였다. 그는 1831년에 어떤 파티에서 국왕에게 칼을 겨눈 혐의로 체포되었다가 석방되기도 하였다. 갈로아는 감옥을 들락날락하면서도 수학 연구를 계속하였다.

갈로아는 1832년에 결투를 하여 목숨을 잃었다. 그 결투의 상대가 누구인지, 이유가 무엇인지 정확한 기록은 없지만, 몇 가지 설이 제시되고 있다. 여인을 둘러싼 삼각관계 문제였다는 설, 공화파들 사이의 노선 갈등설, 경찰이 이들 극렬 공화파를 무력화시키기 위해서 음모를 꾸몄다는 설 등이 있다.

갈로아는 결투를 앞두고 자신의 죽음을 예견하였던 것 같다. 그는 밤을 꼬박 새우며 자신의 수학적 아이디어를 정리한 장문의 편지를 썼다. 이 편지는 쉬발리에Auguste Chevalier 앞으로 보내는 것으로서, 여기에 담겨 있는 심오한 아이디어와 혁신성은 수학 역사에 길이 남을 중요한 유산으로 간주된다.

사진술의 발명

사진술을 처음 개발한 사람은 영국의 웨지우드 Thomas Wedgwood(1771~1805)이다. 그는 빛에 의해서 생기는 화상을 화학적으로 처리하여 영원히 보전할 방안을 최초로 연구하였다. 그는 질산은을 종이 또는 가죽에 발라서 빛에 노출시켰다. 그는 카메라를 사용하여 생성된 화상을 화학적으로 처리하려 하였지만, 그 방법은 그리 성공적이지 않았다. 그렇지만 그는 얇은 유리 또는 얇은 종이에 그려진 그림에 대해서, 그 밑에 질산은판을 놓고 장시간 햇빛에 노출시켜서, 음화negative를 얻는데 성공하였다. 즉, 그는 최초로 '복사'에 성공한 것이다.

사실, 카메라는 고대 그리스 및 고대 동양에서 이미 발명되었다. 중세 유럽의 카메라는 볼록렌즈를 단 커다란 상자로서, 반투명한 유리판에 상이 맺어진다. 그러면 그 위에 얇은 종이를 놓고, 화가가 거기 맺어진 상에 따라 그림을 그려서, 풍경 또는 사람의 초상화를 그릴 수 있었다. 네덜란드의 수학자 프리시우스Gemma Frisius(1508~1555)는 이러한 카메라를 사용하여 일식을 관측하고 그 방법을 소개한 책을 출판한 바 있다.

프랑스의 발명가 니엡스Joseph Nicéphore Niépce(1765~1833)는 1826년 무렵 카메라 화상을 사용한 최초의 풍경 사진을 찍는데 성공하였다. 그의 방법은 몇 시간 또는 며칠의 장시간 노출이 필요하였기 때문에, 사람의 초상화를 찍는 데에는 사용할 수 없었다. 프랑스의 물리학자 다게르Louis Daguerre(1787~1851)는 이 소문을 듣고, 니엡스와 같이 협력하여 사진술 연구에 매달렸다. 니엡스는 1833년에 심장마비로 사망하였으며, 그의 모든 연구 결과들은 다게르에게 넘겨졌다.

다게르는 금속판에 요오드화은을 얇게 발라서 노출 실험을 계속하였다. 요오드화은은 빛에 민감하게 반응하는 물질이다. 그러나 노출 시간은 여전히 (비실용적으로) 매우 길어야 했으며, 명암이 그다지 뚜렷하게 드러나지 않았다. 특히 검은색이 만족스럽게 나오지가 않았다.

다게르는 어느 날 또 다시 실망스러운 결과를 얻고 나서, 그 원판을 화학 물질들이 가득한 장 속에 던져 넣었다. 그런데 그가 며칠 후에 그것을 꺼내 보니, 화상의 명암이 매우 만족스럽게 뚜렷이 드러나 있었다. 그가 원하던 검정색이 나타난 것이다. 그는 장 속의 수많은 화학 물질들 중의 하나가 원판과 반응하여 좋은 결과가 나왔음을 알아차렸다. 문제는 그 중 어떤 화학 물질인가 하는 것이다.

다게르는 희망과 기쁨에 넘쳐서, 매일매일 한 개의 화학 물질을 골라 원판과 반응시키는 실험을 하였다. 어쨌든, 정답은 그 장 속에 있음이 확실했다. 그러나 한 개도 빠짐없이 모든 화학 물질들과 반응시켜 보았지만, 원하는 결과는 나오지 않았다. 원판의 화상은 선명해지지 않았던 것이다. 다게르의 희망은 절망으로 바뀌었다.

이상하게 여긴 다게르는 장 속의 모든 화학 물질들을 치워버린 후에 다시 원판을 넣어 보았다. 그러자 원판은 다시 원하는 변화를 낳았다. 도무지 이해할 수 없었던 다게르는 장 속을 꼼꼼하게 살펴보았는데, 온도계가 깨져서 수은이 몇 방울 떨어져 있음을 알아차렸다. 수은 증기가 요오드화은과 반응하여 그 결과를 낳았던 것이다.

정답을 발견한 다게르는 연구를 계속하여 최초의 실용적인 사진술을 개발하는 데 성공하였으며, 프랑스 정부는 다게르에게서 그 기술과 특허 권리를 사들였다. 그 대가로 프랑스 정부는 니엡스의 유족과 다게르에게 연금을 지급하기로 하였으며, 사진 기술과 특허를 전세계에 (단, 적국인 영국을 제외하고) 공개하였다.

황화 고무의 발명

굿이어Charles Goodyear(1800~1860)는 미국의 발명가이다. 그는 20대 시절에 필라델피아에서 철물점을 열어 농기구를 제작, 판매하는 사업을 시작하였다. 그 당시 농기구들은 대부분 영국에서 수입되었으나, 그는 품질 좋은 농기구들을 제작, 수입품을 대체하는데 성공하였다. 그러나 그의 건강이 악화되면서, 사업을 정리해야 했다.

굿이어는 1832년 무렵 고무 제품을 접하고 흥미를 느끼게 되었다. 그 당시 고무는 산업계에 새로이 등장한 재질로서, 장갑, 신발, 구명 튜브 등의 제조에 사용되었다. 그는 이 새로운 물질의 무한한 가능성을 깨달았으며, 이 새로운 산업에 자신의 일생을 투자하기로 결심하였다.

고무는 탄성이 있어서 여러 가지 제품의 제조에 사용되었지만, 많은 문제점을 지니고 있었다. 고무는 여름이 되어 온도가 올라가면 끈적끈적하게 늘어나 약해졌으며, 반대로 겨울이 되어 온도가 내려가면 딱딱하게 굳어지고 쉽게 부스러졌다. 그리고 고무는 쉽게 썩었으며, 각종 화학 물질에도 매우 약하였다. 그러니 고무 제품은 수명이 짧았다.

굿이어는 고무, 산화 마그네슘, 탄소 가루를 섞은 것을 테레빈유에 녹여서 실험을 해 보았다. 이렇게 만든 고무 제품은 언뜻 괜찮아 보였지만, 시간이 지나자 끈적끈적해졌다. 그 후 그는 고무, 산화 마그네슘, 생석회를 섞은 것을 물에 넣고 끓여 보았다. 그러자 만족스러운 결과물이 나왔다. 그다지 끈적끈적하지 않고, 충분히 튼튼한 고무를 얻게 된 것이다. 그는 세계적으로 명성을 얻었으며, 그의 사업은 탄탄대로에 놓인 것 같았다. 그러나 이 고무는 치명적인 약점이 있었다. 생석회는 알칼리 성분이었다. 이 고무에 산성액이 묻으면 알칼리가 중화되어서, 고무는 다시 끈적끈적해졌다.

굿이어는 계속 다른 화학 물질들로 여러 가지 실험을 하였다. 그는 유독한 가스에 질식되어 죽을 고비를 여러 번 넘겼으며, 그 때문에 건강이 매우 악화되었다. 그리고 폭발, 화재 등의 대형 사고 가능성도 항상 도사리고 있었다. 그에게 자본을 제공해 주던 친구들도 계속되는 실패에 등을 돌리기 시작했다.

1839년의 어느 날, 굿이어는 난로에서 나는 검은 연기와 독한 냄새에 깜짝 놀랐다. 그것은 고무와 황이 타는 냄새였다. 난로 위에는 고무가 타서 검은 숯덩이가 되어 있었다. 그는 그것을 별 생각 없이 집어던지려 했지만, 문득 이상한 감이 들어 자세히 살펴보았다. 검게 타서 쓸모가 없게 된 덩어리가 대부분이었지만, 일부분은 말랑

말랑하게 탄력이 있고 튼튼한 고무가 되어 있었다. 그는 그것을 가지고 실험을 해 보았는데, 기온에 관계가 없이 계속 그 성질을 유지하였고, 산성액 또는 알칼리액에 접하여도 상관이 없었다. 마침내 그는 원하는 결과를 얻었던 것이다.

황화 고무vulcanized rubber는 굿이어의 오랜 세월에 걸친 피나는 노력 끝에 '우연한 실수'로 발견되었다. 그는 제작 공정을 가다듬어서, 1844년에 황화 고무 제조법을 특허 등록하였다. 황화 고무는 세계적으로 고무 산업을 크게 발전시켰으며, 굿이어는 큰 명성을 얻었다.

그러나 그는 그다지 큰 돈을 벌지는 못했다. 오랜 세월에 걸친 수많은 실패 때문에, 그에게 자본을 투자해 주려는 사람이 없었기 때문이다. 굿이어는 "내가 뿌린 씨앗을 남들이 수확하였지만, 후회는 하지 않는다. 인생의 성공 여부는 돈으로 판단하는 게 아니다. 노력 끝에 아무도 수확하지 못하였다면, 그것이 진정 후회스러운 일이다."라며 씁쓸하게 자위하였다. 1860년 사망할 당시 굿이어는 빈털터리 신세였다. 그 후 미국의 사업가 사이벌링Frank Seiberling은 1898년에 고무 회사를 설립하면서, 회사 이름을 '굿이어'라 지어 그의 업적을 기려 주었다.

마취술의 발명

아산화질소nitrous oxide 가스는 1772년 무렵 영국의 화학자들이 발견하였다. 이 가스는 무색이며, 약간의 향기가 나는데, 이 가스를 많이 들이마시면 웃음이 터져 나오는 효과가 있다. 그래서 아산화질소 가스를 '웃음 가스laughing gas'라 부르기도 한다. 이 가스는 1700년대 말에 영국의 상류 사회의 파티에서 큰 인기를 끌었다. 이 가스를 들이마시면 환각 작용과 함께 희열을 느끼기도 하고, 그러다가 웃음을 터뜨리기도 하였다. 그러나 이 가스를 너무 많이 들이마시면 정신을 잃고 쓰러지는 부작용이 있었다.

미국의 코네티컷 주에서 치과 의사로서 일하던 웰스Horace Wells (1815~1848)는 1844년에 순회 서커스 공연을 보다가 이 가스를 마시는 경험을 하였다. 그는 감각이 없어지는 것을 느꼈으며, 이것을 치과 치료에 사용하면 고통 없이 치료를 할 수 있을 것이라는 생각이 문득 들었다. 웰스는 자신을 실험 대상으로 삼았다. 자신이 그 가스를 마셔 마취된 상태에서, 동료 치과 의사가 자신의 충치를 빼도록 한 것이다. 그 과정은 고통 없이 성공적으로 끝났다.

그 이후 웰스는 이 가스를 사용하여 여러 명의 환자들을 고통 없이 치료해 줄 수 있었다. 그렇지만 마취에 실패하는 경우도 종종 있었다. 웰스는 자신의 마취술을 1844년 12월에 보스턴의 의학 학회에 소개하였다. 그것은 큰 관심을 끌었으며, 웰스는 1845년 1월에 보스턴의 매사추세츠 종합 병원에서 자신의 마취술을 공개적으로 시범을 보이게 되었다.

그러나 이 공개 시범은 참담한 실패로 끝났다. 환자가 가스를 충분히 들이마시지 않은 상태에서, 웰스는 성급하게 환자의 이를 뽑으려 한 것이다. 환자는 고통스러워 비명을 질렀다. 그 광경을 지켜본 많은 의대생들은 "사기꾼, 사기꾼"이라 소리치며 웰스를 비웃었다. 웰스의 명예는 땅에 떨어졌으며, 치과 의사직을 그만두어야 했다. 웰스는 그 이후 잡상인이 되어 어렵게 살아가다가, 클로로포름을 흡입하며 파멸의 길을 걷다가 자살하였다.

웰스의 동료였던 모튼William Thomas Green Morton(1819~1868)은 에테르ether를 마취에 사용하였다. 그는 1844년 가을에 하바드 의대에 입학하였으며, 화학 수업에서 에테르의 마취 효과를 공부하였다. 그는 학위를 받지 않은 채 하바드를 떠났지만, 에테르 마취를 치과 치료에 도입하여서, 고통 없이 환자들의 이를 뺄 수 있었다.

마침내 1846년 10월에, 그는 매사추세츠 종합 병원에서 마취 시범을 보이게 되었다. 환자는 목에 종기가 있었으며, 모튼의 역할은 그 환자를 마취시키는 것이었다. 수술을 행할 외과 의사는 따로 있었다. 많은 의대생들은 또 다른 마취 사기꾼을 조롱하려고 구름처럼 모여 들었다. 그러나 모든 과정은 순조롭게 잘 진행되었다. 환자는 깊게 마취되었으며, 외과 수술은 전혀 고통 없이 이루어졌고, 수술을 마친 뒤 환자는 무사히 깨어났다. 마취는 대성공이었다.

그 후 모튼은 자신의 마취술을 특허 등록하였다. 그는 자신이 사용한 마취제가 에테르임을 숨기려고 다른 이름으로 특허를 신청하였지만, 그것이 에테르임은 곧 널리 알려졌다. 모튼이 하바드에서 에테르의 마취 효과를 공부하였으니, 보스턴에서 그 사실을 숨길 수는 없었다. 의학계에서는 자유롭게 널리 사용되어야 할 마취 기술을 특허 등록을 한 모튼을 비난하였지만, 모튼은 부와 명예를 얻고 싶었다.

그렇지만 그가 특허로 돈을 벌지는 못하였다. 그는 에테르의 제조 및 사용을 총괄하려 하였지만, 하바드 의대의 스승이 원조임을 주장하고 나선 것이다. 의사들은 특허료를 지불하지 않고 에테르 마취를 자유롭게 사용하였으며, 현실적으로 그것을 막을 명분은 없었다. 모튼은 그 후 마취 전문의로서 활동하였으며, 미국의 남북전쟁 당시 수많은 부상병들의 고통을 덜어주었다.

엉터리 예언가 켈빈 경

톰슨William Thomson(1824~1907)은 영국의 수리 물리학자이자 기술자이다. 그는 아일랜드에서 태어났으며, 1834년에 글래스고 대학에서 입학하였다. (그 당시 10세의 나이에 대학에서 공부하는 것은 흔히 있는 일이었다.) 그는 고전에 강한 흥미를 보였으며, 과학 분야에 재능을 드러내기 시작하였다.

톰슨은 푸리에의 열역학에 관심을 가지고 공부를 하였다. 그 당시 영국은 여전히 뉴턴의 그늘 아래에 있었기 때문에, 대륙의 과학을 경멸하고 있었다. 그러니 프랑스 학자인 푸리에의 이론을 공부하는 것은 터부였으며, 영국의 학자들은 푸리에의 이론이 틀렸다고 주장하고 있었다. 그렇지만 톰슨은 푸리에의 책을 공부하고 나서, 그의 이론을 지지하는 논문들을 (가명으로) 출판하였다.

톰슨은 1841년에 캠브리지 대학에 입학하였으며, 1845년에 졸업할 때 독창적인 연구 결과를 인정받아 스미스 상을 받았다. 그 상은 스미스Robert Smith가 남긴 유산과 유언에 따라서, 수학 및 자연과학 분야에서 탁월하고 독창적인 연구 결과를 낳은 학생에게 주는 상이었다. 톰슨의 연구 결과를 심사했던 교수는 동료 교수에게 "우리들은 이 학생의 펜이나 고쳐 주는 게 나을 것 같다."고 농담을 할 정도로, 그는 이미 탁월한 과학자가 되어 있었다. 톰슨은 1846년에 모교인 글래스고 대학에 교수로 부임하였다.

톰슨은 수학, 물리학, 특히 열역학과 전기의 연구에 창의력을 발휘하였다. 그는 패러데이Michael Faraday(1791~1867)의 전기유도 개념에 수학적 이론을 제공해 주었다. 톰슨의 이론적 지원은 패러데이가 '패러데이 효과'를 발견하는데 도움을 주었다.

톰슨은 그 후 대서양 횡단 해저 전신선 설치에 관여하였다. 그는 전기 신호 설비에 대한 이론 제공 및 제작을 하였으며, 실제로 전신선을 설치하는 화물선에 승선하여 설치 과정에 참여하였다. 그렇지만 1857년의 첫 시도는 중간에 전선이 끊어져서 실패하고 말았다. 톰슨은 해상의 배에서 해저의 바닥에 이르기까지 전선이 내려가는 과정에서 받는 장력에 대해 꼼꼼하게 분석하고 계산해서 해결책을 구해야 했다.

1858년에 다시 전선을 까는 작업이 시작되었다. 톰슨은 고문 역으로 승선하였지만, 실제로 기술적 난관에 부딪힐 때마다, 그는 기술자로서 탁월한 본능과 재능을 발휘하여서, 모든 어려움을 극복해 나갈 수 있게 하였다. 대서양 횡단 해저 전신선은 8월 5일에 마침내 완성되었다. 톰슨은 그 공로를 인정받아 빅토리아 여왕으로부터 남작 작위를 받았으며, 켈빈 경Lord Kelvin이라 불리게 되었다.

그는 열역학 연구에도 많은 업적을 남겼으며, 열역학 제1법칙 및 제2법칙을 완성하는데 기여하였다. 그리고 그는 절대온도 0도가 약 섭씨 영하 273.15임을 정확하게 계산하였다. (그 이전에는 상당히 틀린 값이 알려져 있었다.) 오늘날 절대온도는 켈빈이라 부르며 K로 나타내는데, 이는 켈빈 경의 이름에서 따온 것이다.

켈빈 경은 650개가 넘는 과학 논문을 발표하고, 70개가 넘는 특허를 신청할 정도로 (모두 다 특허 출원된 것은 아니지만) 정열적이고 왕성한 활동을 하였다. 그는 1800년대의 가장 위대한 과학자들 중의 한 명으로 간주된다. 그런데 그는 과학 기술의 미래에 대하여 여러 가지 예언을 하였는데, 그것들은 대부분 (기술이 더욱 발달함에 따라서) 틀린 것으로 판명이 났다. 위대한 과학기술자가 불과 몇십 년 후의 기술을 잘못 판단한 것을 아이러니라고 하겠다. 다음은 켈빈 경의 대표적 예언들이다.

"라디오는 미래가 없다. 엑스 레이는 사기이다."

"공기보다 더 무거운 기계가 하늘을 나는 것은 불가능하다."

"지구의 나이는 약 1억 년이다."

벌컨 행성을 찾아라

벌컨 행성은 수성보다 더 안쪽에 존재한다고 천문학자들이 생각한 행성이다. 천문학자들이 수성의 안쪽에 또 다른 행성이 존재한다고 생각하게 된 까닭은 수성 궤도의 변화 때문이었다.

수성의 궤도를 정밀하게 관측하고 계산한 사람은 프랑스의 수학자 르베리에Urbain Le Verrier (1811~1877)였다. 그는 수성이 태양의 앞을 가로질러 가는 현상을 여러 번 관측한 기록들을 모아서, 수성의 궤도를 정확하게 구할 수 있었다. 그에 따르면, 수성의 공전 궤도의 원일점은 백 년에 574초 정도 (앞으로) 진행하고 있었다. 그런데 르베리에가 뉴턴 역학으로 계산해 보니, 실제 관측값과 38초 정도 오차가 있었다. (원일점이 진행하는 까닭은 다른 행성들의 중력 때문이며, 르베리에는 후에 그 오차가 43초라고 계산을 정정하였다.)

르베리에는 이 오차가 수성 안쪽에 존재하는 미지의 행성 때문이라는 이론을 1859년에 발표하였으며, 그 행성을 "벌컨Vulcan"이라 이름 붙였다. 르베리에는 당시 행성 역학에 관한 최고의 권위자였다. 그는 이미 천왕성의 바깥에 존재하는 행성을 예언한 바 있으며,

실제로 그가 예언한 위치에서 1846년에 해왕성이 발견되었다. 그러니 벌컨의 존재는 기정사실로 받아들여졌으며, 천문학자들은 대대적으로 벌컨을 발견하려는 노력을 기울였다.

그리고 벌컨은 곧 발견하였다. 프랑스의 아마추어 천문학자 레스카볼트Edmond Modeste Lescarbault(1814~1894)는 1859년 봄에 미지의 행성이 태양의 앞을 가로질러 가는 것을 관측했다고 알려온 것이다. 르베리에는 곧 그를 찾아가 만났으며, 그의 관측 기록을 넘겨받고, 그것이 사실이라고 판단하였다. 르베리에는 1860년 1월 2일에 과학 학회에서 벌컨 행성을 발견하였음을 발표하였다. 레스카볼트는 레종 도뇌르 훈장을 받았으며, 과학계의 유명인사가 되어 각종 행사에 불려가느라 바빴다.

르베리에는 레스카볼트의 관측을 바탕으로 벌컨의 공전 궤도를 계산하였다. 벌컨의 궤도 반지름은 0.14 천문단위, 공전 주기는 19일 17시간이었다. 그 이후에도 다른 아마추어 천문학자들이 (미지의 물체가) 태양의 앞을 지나는 것을 관측하여 르베리에에게 알려왔으며, 르베리에는 그것들을 바탕으로 벌컨의 궤도를 정정하였다. 르베리에는 자신이 계산한 궤도에 따라서 벌컨이 태양의 앞을 가로지를 현상을 예언하였으나, 그의 예언은 번번이 빗나갔다. 르베리에는 다시 궤도를 정정하여야 했다.

벌컨이 태양에 너무 가까이 있기 때문에, 그것은 직접 관측하기가 불가능했다. 그러니 태양의 앞을 가로질러 가는 현상의 관측에 매달려야 했다. 그러나 일식이 일어나면, 그것을 관측하는 일이 가능했다. 실제로 1878년 7월의 개기일식 때에, 태양의 근처에서 행성으로 추정되는 (미지의) 천체가 발견되기도 하였다. 그러나 그 천체는 이후에 관측되지 않아서, 정체가 밝혀지지 않았다.

르베리에는 1877년에 사망하였으며, 그는 두 개의 새로운 행성(해왕성과 벌컨)을 발견한 위대한 이론 천문학자로 추앙받았다. 그러나 계속되는 관측 노력에도 불구하고 벌컨은 여전히 발견되지 않은 상태였으며, 천문학자들 사이에는 그 존재에 대한 회의감이 생겨났다.

아인슈타인이 1915년에 일반 상대성 이론을 발표하면서, 벌컨 행성의 대소동은 완전히 막을 내리게 되었다. 아인슈타인이 상대성 이론으로 계산해 보니, 뉴턴 역학을 사용한 계산과 43초의 오차가 있었다. 즉, 수성의 운동은 상대성 이론과 완벽하게 잘 맞아떨어진다. 그리고 금성과 지구의 원일점 진행 현상도 상대성 이론의 계산과 정확하게 잘 맞아떨어졌다. 이것은 상대성 이론이 올바르다는 유력한 증거가 되었다. 탐사 위성이 수성을 방문하는 오늘날, 수성의 안쪽에는 아무런 행성도 존재하지 않음이 거듭 확인되었다.

종교계를 과소평가한 다윈

진화 이론을 최초로 제시한 학자는 프랑스의 라마르크Lamarck(1744~1828)였다. 그는 1809년에 『동물철학』을 출판하여 체계적인 진화 이론을 최초로 주장하였다. 그는 생명체의 기관들은 간단한 것에서 점점 더 복잡한 것으로 변화해 나간다고 주장하였다. 그리고 기관들은 주어진 자연 환경에 적합한 형태로 점점 진화하며 적응해 나간다고 주장하였다. 그러나 그의 이러한 주장은 그다지 큰 지지를 얻지 못했다.

영국의 박물학자인 다윈Charles Darwin(1809~1882)은 1859년에 『종의 기원』을 출판하여 진화론을 주장하였으며, 진화론의 아버지라 불린다. 그는 이 책에서 자연 선택에 의한 생물의 도태와 진화를 주장하였다. 다윈은 1831년부터 1836년에 이르기까지 해군 탐사선인 비글호를 타고 전세계를 항해하면서, 환경에 따른 생물들의 다양한 진화를 관찰할 수 있었다. 그는 이 경험을 바탕으로, 구체적이고 다양한 실례들을 제시하여 진화론을 주장하였다. 다윈의 책은 유럽의 지식계와 종교계에 큰 충격을 주었다.

보수적인 종교계 인사들은 다윈의 진화론을 전적으로 부인하였다. 그러나 일부 진보적 성향의 종교인들은 진화론을 받아들였지만, 그들은 자연 선택이 아니라 신의 간여와 선택을 주장하였다. 그렇지만 일부 교회 권위자들은 신의 간여 개념은 이단이라며 비판하였다. 즉, 기적이란 신의 규칙을 깨트리는 것이니, 기적을 믿는 것은 무신론적이며, 다윈의 개념이 오히려 자연 스스로의 진화하는 동력의 위대한 원리를 제시한 것이라며 다윈을 지지하였다. 그렇지만 다윈의 책에 대한 일반 대중의 평가는 "원숭이가 진화하여 인간이 되었다."라는 한 마디로 표현할 수 있으며, 많은 사람들이 경악하였다.

1860년 영국 과학 협회의 옥스퍼드 모임에서 진화론을 둘러싼 공개 토론이 있었다. 다윈은 건강이 나빠서 참석하지 못했으며, 후커Joseph Dalton Hooker(1817~1911), 헉슬리Thomas Henry Huxley(1825~1895)가 다윈의 대변인 역할을 하였다.

그 자리에서 옥스퍼드의 주교 윌버포스Samuel Wilberforce(1805~1873)는 다윈의 이론을 강하게 비판하였다. 윌버포스는 다윈의 이론이 과학적 증거들에 바탕을 둔 것이 아니라고 주장하였으며, 특히 인간과 유인원이 공통인 조상으로부터 진화되어 갈라졌다는 이론을 강하게 비판하였다. 윌버포스는 헉슬리에게, 그의 할아버지와 할머니 중에 어느 쪽이 원숭이로부터 내려온 가문이냐고 조롱하였다. 사람들은 폭소를 터뜨렸다.

그러나 헉슬리는 동요하지 않고 대응하였다. 헉슬리는 조상이 원숭이인 것은 부끄럽지 않지만, 인간에게 주어진 위대한 선물을 악용하여 진리를 흩트려 놓으려 하는 사람과 친인척이라면 오히려 더 부끄러운 일이라고 반격하였다. 헉슬리는 다윈의 불독이라는 별명을 얻었으며, 이 토론은 진화론이 대중들의 인정을 받는데 중요한 역할을 하였다.

갈릴레오의 『대화』가 지동설을 확립하는 최후의 결정타였던 것처럼, 다윈의 『종의 기원』은 진화론을 확고하게 자리 잡게 만들었다. 다윈은 1869년의 제 5판 머리글에다 "이 책에서 제시해 놓은 관점들이 사람들의 종교적 신념에 충격을 줄 이유가 뭔지 모르겠다."라고 적어 놓았다. 종교계의 반발에 넌지시 제동을 건 것이다. 그러나 오늘날에도 "다윈의 진화론이 맞다면, 지금도 아프리카의 초원에서 원숭이들이 진화하여 인간이 될 텐데, 그런 일이 일어나는 것은 듣도 보도 못했다."라는 주장이 제기되는 것을 보면, 다윈은 종교계를 과소평가한 것 같다.

독일어를 몰라서 전화기를 발명한 벨

벨Alexander Graham Bell(1847~1922)은 미국의 과학자이자 발명가이다. 그는 스코틀랜드에서 태어났으며, 후에 캐나다를 거쳐 미국 보스턴으로 이주하였다. 벨은 보스턴에서 농아들에게 듣기, 말하기를 가르치는 선생으로 일하였다. 그의 어머니는 청각장애인이었고, 그의 할아버지, 아버지, 형제들은 모두 화술과 발성법에 관련한 일을 하였으며, 그는 후에 청각장애인과 결혼하였다. 벨은 농아들을 위하여 듣기를 도와 줄 수 있는 어떤 기계를 연구하기 시작하였다.

한편으로 그는 하나의 전신줄로 여러 개의 전신 신호를 동시에 보낼 수 있는 기술을 연구하였다. 전신은 원래 철도 회사와 신문사들이 사용하기 시작하였지만, 그 당시 미국에서는 전신의 사용량이 폭발적으로 늘고 있었다. 상업이 발달하면서, 거의 모든 상업 거래에서 전신을 주고받게 된 것이다. 전신 회사들은 전신용 전선을 설치하느라 큰 비용을 들이고 있었는데, 만약 하나의 전선으로 여러 개의 전신 신호를 전달하는 기술이 개발된다면, 큰 이득을 볼 수 있었다.

벨이 이러한 연구에 매달리게 된 계기는, 독일의 물리학자 헬름홀쯔Hermann von Helmholtz(1821~1894)가 쓴 책을 접한 것이었다. 헬름홀쯔의 책에는 여러 가지 주파수의 사인sine 파동들이 한 개의 전선을 통해서 전달되는 그림이 그려져 있었다. 벨은 주파수가 다른 파동들을 사용하면 여러 개의 신호를 동시에 보낼 수 있음을 확신하게 되었다. 그는 책의 그림과 같이 실험을 해 보았지만, 원하는 결과가 나오지 않았다. 사실, 벨은 전기에 관해서 잘 몰랐으므로, 그를 도와 줄 수 있는 사람이 필요했다. 그는 전기회로 전문가인 왓슨Thomas A. Watson을 고용하였다.

벨은 많은 농아들을 가르치느라 연구에 전념하기가 어려웠는데, 자신의 연구가 성공할 수 있다는 확신이 생기자, 농아들의 교육을 중단하고 연구에 전념하기로 결심하였다. 다행히 그는 자본을 투자해 줄 두 명의 부유한 후원자를 구하였다. 그들은 벨에게서 배운 농아들의 아버지였으며, 한 명은 후에 벨의 장인이 되었다.

벨은 왓슨과 같이 연구하면서, 여러 개의 신호를 동시에 보내는 연구는 제쳐 두고, 사람의 목소리를 전기 신호로 바꾸어 주는 기계의 개발에 매달렸다. 마침내 벨은 전화기의 개발에 성공하여서, 1876년 3월에 특허를 얻게 되었다. 벨과 두 명의 투자자는 전화의 특허를 10만 달러에 팔겠다고 전신 회사에 제안하였다. 그렇지만 전신 회사 사장은 전화기란 장난감에 불과하다며 그 제안을 거절하였다.

1876년에 필라델피아에서 미국 독립 100주년 기념 박람회가 있었다. 벨은 여기에서 자신의 전화기를 시연하였다. 브라질의 황제를 포함한 많은 유명 인사들이 벨의 놀라운 발명에 감탄하였으며, 영국 여왕은 벨을 초청하여 전화기를 시연하도록 하였다. 벨은 세계적으로 큰 명성을 얻었다. 벨은 1877년에 전화 회사를 설립하여 전화기를 보급하기 시작하였다. 전화 가입자들은 폭발적으로 늘어났으며, 벨과 두 명의 투자자들은 백만장자가 되었다. 전신 회사 사장은 땅을 치며 후회하였지만, 이미 때는 늦었다.

그런데 후에 밝혀진 일이지만, 헬름홀쯔의 책의 그림은 여러 개의 파동들을 합성하는 것에 관한 내용이며, 그 파동들을 전선을 통해 전달하는 이론은 전혀 없었다. 벨이 독일어를 몰라서 그 내용을 착각한 것이었다. 벨은 "독일어를 알았더라면, 전화의 발명을 시도하지 않았을 것이다."라고 솔직하게 고백하였다.

화성의 대운하

스치아파렐리Giovanni Schiaparelli(1835~1910)는 이탈리아의 천문학자이다. 그는 브레라 천문대에서 40여 년 간 천체들을 관측하였다. 그는 화성을 상세하게 관측하였으며, 화성의 지형을 보고 "바다"와 "대륙"들을 구별하여 이름을 붙였다. 1877년의 화성 최근접 시점에, 그는 화성에서 직선에 가까운 여러 개의 선들을 발견하였다. 스치아파렐리는 이것을 이탈리아어로 "채널canali"라 이름을 붙였으며, 그는 화성 표면의 정교한 지도를 그려 발표하였다. 그런데 이것이 영어로 번역될 때 "운하canal"이라 잘못 번역되었다.

화성에서 여러 개의 운하들이 발견되었다는 소식이 전해지자, 사람들은 곧 화성에 존재하는 생명체에 대하여 온갖 상상력을 발휘하기 시작하였다. 지구에서 관찰할 수 있을 정도의 대규모 운하 시스템을 건설할 수 있으려면, 화성인들은 고도의 지능과 과학 기술을 갖고 있을 것이다. 이러한 이론을 가장 강력하게 주장한 사람은 미국의 사업가이자 천문학자인 로웰Percival Lowell(1855~1916)이었다.

(로웰은 1880년대에 한국을 방문하였으며, 『조선: 조용한 아침의 나라』라는 책을 출판하였다.)

그는 1894년에 애리조나 주의 고지대에 천문대를 건설하였다. 애리조나 주는 날씨가 항상 맑은 곳이다. 그가 천문대를 건설한 위치는 대도시에서 멀리 떨어진 곳으로서, 대도시의 불빛 때문에 천체 관측에 방해를 받을 일이 없었다. (천체 관측에 이상적인 곳을 찾아서 천문대를 세운 것은 이것이 처음이었으며, 그의 이러한 노력은 후일 명왕성의 발견이라는 값진 성과를 올렸다.) 그는 24인치 망원경으로 화성을 관찰하기 시작하였다.

로웰은 화성의 대운하 및 화성의 생명체에 관한 여러 권의 책을 출판하였다. 로웰의 주장에 따르면, 화성은 아주 옛날에는 물이 풍부하였고, 녹음으로 뒤덮여 있었는데, 그 후 화성은 (원인은 알 수 없지만) 점차 사막으로 변했다. 고도의 문명을 가진 화성인들은 그러한 환경을 극복하고 화성을 되살리려고 대규모의 운하들을 건설한 것이다. 그 운하들은 (화성에서 유일하게 물이 남아 있는) 북극의 얼음을 녹여 흘러 보내는 것으로서, 그 길이는 수천 킬로미터에 이르며, 미국 대륙을 횡단하고도 남을 정도이다.

로웰의 이러한 주장은 (뒷받침해 주는 과학적 근거는 없었지만) 사람들 사이에 큰 인기를 얻었다. 많은 신문들과 잡지들은 화성인의 존재 가능성을 기사화했으며, 화성인에 관한 소설들도 나오게 되었다. 오늘날에도 화성은 외계인의 고향으로서 가장 인기가 있는

데, 이는 화성의 대운하 때문이다.

그러나 망원경의 성능이 더욱 좋아지고 사진술도 발달하면서, 천문학자들은 운하의 존재에 대하여 회의감을 느꼈다. 명확하고 일치되는 선이 발견되지 않은 것이다. 몇몇 천문학자들은 화성의 운하가 광학적 허상에 불과하다고 주장하였다. 흑점 또는 운석공 같은 여러 개의 불규칙한 검은 점들을 성능이 떨어지는 망원경으로 관측하면, 마치 그들이 연결되어 선을 그리는 것처럼 보이기 때문이다. 그리고 생물학자들은 화성의 기온과 기압이 너무 낮아서, 고등생명체가 살 수 없는 환경이라고 주장하였다.

1909년에 윌슨 천문대에 60인치 망원경이 설치되어 관찰한 결과, 로웰이 운하라고 주장한 것은 지형이 불규칙하게 패인 형태임이 증명되었다. 그 후 1965년에 우주선 마리너 4호가 화성에 접근하여 사진을 찍어 보냈으며, 운하는 존재하지 않았다.

직류 전기를 고집한 에디슨

에디슨Thomas Edison(1847~1931)은 미국의 발명가이자 사업가이다. 그는 미국에서 1,093개의 특허를 얻어서, 흔히 '발명왕 에디슨'이라 부른다. (영국, 프랑스, 독일에서도 많은 특허를 얻었다.) 그의 중요한 발명으로는 축음기, 탄소송화기, 백열전구, 영화 촬영기와 영사기 등을 꼽을 수 있다.

탄소송화기는 전화에서 쓰는 송화기로서, 벨이 특허를 낸 전화기의 송화기보다 훨씬 성능이 뛰어났다. 벨의 전화 회사는 후일 에디슨으로부터 탄소송화기의 특허 권리를 사들여서, 전화의 음질을 크게 개선할 수 있었다. 백열전구는 에디슨이 처음 개발한 것은 아니지만, 에디슨은 탄소 필라멘트를 개발하여 전구의 수명을 획기적으로 늘리는 데 성공하였다. 이전의 백열전구는 수명이 몇 시간 정도에 불과하였지만, 에디슨의 탄소 필라멘트 전구는 수명이 1,000 시간 이상으로서, 전구의 공급은 물론 전기 자체의 공급에 크게 기여하였다.

에디슨은 1880년에 에디슨 조명 회사를 설립하여서, 뉴욕을 중심으로 전기를 공급하기 시작하였다. 그가 공급한 전기는 110 볼트 직류였다. 그러나 직류 전기는 큰 단점이 있었다. 거리가 멀어지면 송전 과정에서의 전력의 손실이 컸기 때문에, 장거리 송전이 불가능했다. 그러니 발전소를 중심으로 2 내지 3 킬로미터 범위를 송전하는 것이 고작이었으며, 따라서 대도시 번화가에는 전기를 공급할 수 있었지만, 변두리 또는 교외 지역은 송전이 비경제적이어서 사실상 불가능했다.

반면에 에디슨의 경쟁자인 웨스팅하우스George Westinghouse(1846~1914)는 교류 전기를 보급하기 시작하였다. 교류 전기는 발전소에서 변압기를 사용하여 고압으로 변환한 뒤 송전하여서, 송전 과정에서의 전력 손실을 최소화할 수 있었다. 사용처에서는 다시 변압기를 써서 전압을 적당하게 낮춘 뒤 사용하였다. 그러니 교류 전기는 매우 넓은 지역에 전기를 공급할 수 있었으며, 특히 수력 발전으로 얻은 전기를 대도시에 공급하는 것이 가능했다. 직류 전기는 (교류 전기와 달리) 전압을 바꾸는 것이 사실상 불가능하여서, 고압 송전 방법을 쓸 수 없었다.

에디슨의 전기 사업은 점차 웨스팅하우스에게 밀리기 시작하였다. 그렇지만 에디슨이 직류를 버리고 교류를 채택할 수는 없었다. 자존심이 걸린 문제이기도 하였지만, 관련 시설물들을 전부 다 교체해야 하니, 도저히 채산성이 맞지 않았다. 그런데 그 때 엉뚱한 사건이 터졌다.

1887년 뉴욕 주에서 사형수를 처형하는 방법으로 전기의자를 고안하였으며, 에디슨에게 직류와 교류 중에 어떤 것이 적당한지 문의하였다. 에디슨은 교류가 고압이니 더 적당하다고 추천하였다. 마침내 1890년에 전기의자로 처형될 첫 번째 사형수가 결정되었다. 웨스팅하우스는 당황하였으며, 최고의 변호사를 고용하여 그 사형수를 변호하였고, 전기의자에 의한 처형을 막으려고 하였다. 그렇지만 결국 그 사형수는 처형되었으며, 참관인들은 그 끔찍한 광경에 전율하였다.

에디슨은 그 사건을 대대적으로 선전하였다. 고압인 교류 전기는 위험하다며, 고압 송전을 금지하는 법률을 제정하라고 요구하기도 하였다. 웨스팅하우스는 가정에 공급되는 교류는 저전압이어서, 그 위험성은 직류와 다를 게 없다며 교류를 변호하였다.

에디슨은 그 이후에 개, 고양이 등등 여러 동물들을 교류 전기로 죽이는 잔인한 쇼를 하였으며, 심지어 코끼리를 죽이기도 하였다. 그러나 에디슨의 이런 흑색선전에도 불구하고, 전력 체계는 교류 전기가 직류 전기를 압도하며 널리 보급되었으며, 에디슨의 옹고집은 큰 실패로 막을 내렸다.

오늘날 직류 전기는 지하철, 고속전철 등에 사용되며, 해저 송전 또는 육상 초장거리 송전에 초고압 직류 전기가 사용되고 있다.

노벨상을 만든 알프레드 노벨

알프레드 노벨Alfred Nobel(1833~1896)은 스웨덴의 발명가이자 사업가이다. 그의 아버지는 스웨덴에서 여러 가지 사업에서 실패를 겪었으며, 그 후 러시아 상트 페테르부르크로 이주하여 폭발물과 기계들을 제작하는 사업에 성공하였다. 알프레드 노벨은 개인교습으로 공부를 하였는데, 화학 및 언어에 뛰어난 재능을 보였으며, 영어, 프랑스어, 독일어, 러시아어를 능숙하게 구사하였다.

그 후 알프레드 노벨과 동생은 부모를 모시고 스웨덴으로 돌아왔으며, 두 명의 형은 계속 러시아에서 살았다. 알프레드 노벨은 스웨덴으로 돌아온 뒤 폭발물의 연구에 전념하였으며, 특히 니트로글리세린을 안전하게 제조, 보관, 운송, 사용하는 방법을 연구하였다. 니트로글리세린은 액체 폭약으로서, 매우 강력한 폭발력을 자랑하지만, 약간의 충격에도 폭발할 수 있는 매우 위험한 물질이었다.

1864년에 노벨의 공장에서 니트로글리세린이 폭발하여서, 그의 동생을 포함한 다섯 명의 사람이 죽는 사고가 있었다. 그 이외에도 작은 사고들이 끊임없이 있었지만, 노벨은 그에 굴복하지 않고 안전한 사용법을 개발하기 위한 노력을 계속하였다.

어느 날 노벨은 니트로글리세린을 엎지르는 실수를 하였는데, 다행히 폭발하지 않았으며, 그것은 흙에 스며들었다. 노벨은 액체 폭약을 안전하게 만들 수 있는 방법이 불현듯 떠올랐다. 액체를 미세한 고체 사이에 스며들게 하면, 충격에 쉽게 폭발하지 않는 안전한 상태가 되는 것이다.

노벨은 연구를 계속하여서, 규조토에 니트로글리세린을 흡수시켜 안전한 폭약을 만드는 데 성공하였으며, 1867년에 특허를 얻었다. 다이너마이트가 탄생한 것이다. 노벨은 다이너마이트 사업으로 큰 돈을 벌었다. 그리고 그는 대포를 비롯한 각종 무기들을 만드는 공장도 소유하였다.

그의 형 루드비히Ludvig Nobel(1831~1888)는 러시아 카스피해 바쿠에서 유전을 개발하였는데, 한때 전세계 원유 생산량의 절반을 차지할 정도의 대성공을 거두었다. 루드비히는 전세계에서 손꼽히는 큰 부자가 되었으며, 알프레드 노벨은 형의 유전 사업에 투자하여 큰 돈을 벌었다.

루드비히는 1888년에 프랑스 칸느를 방문하던 중에 사망하였는데, 프랑스의 한 신문은 알프레드 노벨이 사망한 것으로 착각하여 부고를 실었다. “죽음의 상인이 죽다.” “더 많은 사람들을 더 빨리 죽이는 방법을 개발하여 떼돈을 번 알프레드 노벨이 어제 죽었다.”

등등 신랄하게 노벨을 비난하는 내용이었다. 노벨은 자신의 부고를 보고 큰 충격을 받았다. 자신의 사후에 어떤 평가를 받게 될지 알아차린 것이다.

그 후 노벨은 자신의 (거의) 전재산을 기증하여서, 재단을 설립하여 노벨상을 만들었다. 노벨상은 인류의 과학 기술과 문화 발달, 세계 평화에 기여한 개인 또는 단체에게 수여하는 상으로서, 오늘날 전세계에서 가장 권위 있는 상이다. 1901년에 최초의 노벨상이 수여되었으며, 수상자는 평화상에 적십자를 설립한 앙리 뒤낭Henry Dunant, 프랑스의 평화운동가 파시Frédéric Passy, 물리학상에 엑스 레이를 발견한 뢴트겐Röntgen, 화학상에 네덜란드의 반트호프Jacobus Henricus van't Hoff, 의학상에 독일의 베링Emil von Behring, 문학상에 프랑스의 시인 프루드옴므Sully Prudhomme였다.

그 후 1969년부터 노벨 경제학상이 신설되어 수여되고 있다. 니트로글리세린을 엎지른 실수가 노벨상이라는 위대한 열매를 맺은 것이다.

엑스 레이를 발견한 뢴트겐

뢴트겐Wilhelm Conrad Röntgen(1845~1923)은 독일의 물리학자이다. 그는 쮜리히 대학에서 박사학위를 받았으며, 스트라스부르크 대학과 기센 대학교에서 교수를 역임하였다.

뢴트겐은 1895년 무렵에 여러 가지 음극선관들의 성질을 연구하고 있었다. 그 당시 여러 물리학자들이 다양한 음극선관을 고안, 제작하여서 여러 가지 실험들이 활발하게 이루어지고 있었고, 특히 레나드Lenard는 유리관에 얇은 금속의 창을 만들어서, 음극선이 관 밖으로 나오도록 하는데 성공하였다.

뢴트겐은 얇은 알루미늄 창이 있는 레나드 음극선관을 사용하고 있었다. 음극선관을 작동시킬 때 강한 자기장이 생기기 때문에, 얇은 알루미늄을 보호하려고 음극선관을 판지가 감싸고 있었다. 그러니 음극선관에서 빛이 나오는 것을 막아 주고 있었는데, 바륨 시안화백금을 칠한 스크린을 알루미늄 창의 옆에 놓아두니 형광 현상이 나타나는 것을 발견하였다. 뢴트겐은 보이지 않는 음극선이 이 효과를 낳았다고 생각하였으며, 크룩스Crookes 관으로 실험을 해 보기로 작정하였다. 크룩스 관은 유리가 훨씬 더 두꺼우며, 음극선이 바깥으로 나오지 않는 음극선관이었다.

뢴트겐은 크룩스 관을 준비하였으며, 판지로 잘 감쌌다. 빛이 새어나오지 않는 것을 확인하기 위해서, 방의 불을 끄고 나서, 관에 전기를 넣었다. 뢴트겐은 빛이 새지 않음을 확인하고, 다음 단계로 넘어가려는 순간, 어디선가 희미한 형광 불빛이 생겨나는 것을 알아차렸다.

뢴트겐은 관의 전기를 껐다가 다시 넣는 것을 몇 번 되풀이해 보았는데, 희미한 형광 불빛도 그에 따라 나타났다가 사라졌다. 뢴트겐은 방의 불을 켜서 확인해 보았다. 그것은 바륨 시안화백금 스크린에서 나는 빛이었으며, 크룩스 관에서 몇 걸음 정도 떨어져 있었다. 음극선관에서 보이지 않는 미지의 광선이 나와서 형광 현상을 일으킴이 확실하였다.

그 후 뢴트겐은 실험실에서 살다시피 하며 이 미지의 광선을 연구하였다. 그것은 음극선은 아님이 확실하였다. (음극선은 전자의 흐름이며, 전자는 1899년에 발견되었다.) 뢴트겐은 이 미지의 광선을 엑스 레이X Ray라 불렀다. 수학에서 미지수를 엑스로 놓는 것에 착안하여 이름을 붙인 것이다. 뢴트겐은 엑스 레이로 여러 가지 물체들을 투과하는 실험을 하여서 사진을 찍어 보았다. 그의 아내의 손을 사진으로 찍었을 때, 그의 아내는 그 사진을 보고 "나의 죽은 모습을 보았다!"며 경악하였다. 엑스 레이에 대한 최초의 논문은 1895년 12월에 출판되었다.

뢴트겐은 자신의 발견을 특허 출원하지 않았다. 그래서 누구든지 엑스 레이를 자유롭게 사용할 수 있었다. 엑스 레이는 곧 의학 진단용으로 널리 사용되기 시작했다. 뢴트겐은 이 발견의 공을 인정받아 1901년에 최초의 노벨 물리학상을 수상하였다. 그는 상금 전액을 대학에 기부하였다. 1차 세계대전 이후 독일이 극심한 인플레를 겪으면서, 뢴트겐은 파산하고 말았다. 그 후 뢴트겐은 시골에서 여생을 보냈으며, 사후에 그의 과학 연구 관련 및 개인적 노트와 편지들은 그의 유언에 따라서 모두 파기되었다.

1890년대 무렵 음극선관을 연구하던 과학기술자들은 레나드, 크룩스William Crookes, 헤르쯔Heinrich Hertz, 히토프Johann Wilhelm Hittorf, 테슬라Nikola Tesla 등이 있었다. 이들은 모두 (그 당시) 뢴트겐보다 훨씬 더 유명하고 쟁쟁한 실력자들이었다. 그러나 이들은 엑스 레이를 발견할 기회가 있었음에도 아깝게 놓쳐버렸으며, 그 발견과 첫 번째 노벨상의 영광은 뢴트겐에게 돌아갔다.

나치 정권의 하수인이 된 레나드

레나드Philipp Eduard Anton von Lenard(1862~1947)는 독일의 물리학자이다. 그는 슬로바키아에서 태어났으며, 비엔나, 부다페스트에서 물리학, 화학을 공부하였고, 1886년에 하이델베르크에서 박사학위를 받았다. 그는 1888년부터 음극선을 연구하기 시작하였다.

그 당시 많은 물리학자들이 음극선을 연구하고 있었지만, 음극선은 비밀의 장막에 숨어 있었다. 음극선관은 두꺼운 유리로 만든 관으로서, 그 속에 금속으로 만든 전극이 놓여 있었고, 공기를 빼내어 희박한 상태로 만들었다. 전극들에 고전압을 가하면 음극선이 생겨나지만, 음극선은 두꺼운 유리 속에 있으니 직접 다룰 수가 없으며, 공기 입자들의 방해도 문제였다.

레나드는 이러한 난점들을 극복할 획기적인 음극선관을 개발하였다. 유리관에 얇은 금속의 창을 붙인 것이다. 그 금속은 음극선이 밖으로 나올 수 있도록 충분히 얇아야 했으며, 관 안팎의 압력 차이를 견뎌 낼 수 있도록 충분히 튼튼해야 했다. 레나드는 이 조건을 만족하는 금속 창을 만드는 데 성공하였으며, 그것은 레나드의 창이라 불렸다. 이러한 음극선관을 만들어 음극선을 관 밖으로 끌어내는 데 성공하자, 그 다음은 마음껏 음극선을 연구할 수 있었다.

판도라의 상자를 활짝 열어젖힌 것이다.

레나드는 인광성 물질을 칠한 종이를 사용하여 음극선의 강도를 연구하였다. 음극선은 그들이 통과하는 물질의 밀도에 비례하여 흡수되는 것을 관찰할 수 있었으며, 이것은 음극선이 전자기파의 일종이라고 간주하던 그 당시의 이론에 어긋나는 현상이었다. 그리고 음극선은 공기 속에서 산란됨을 관찰하였는데, 이것은 음극선이 공기 입자보다도 더욱 작은 입자임을 의미했다. 레나드의 이러한 연구는 전자의 발견으로 나아가는 디딤돌이 되었다.

톰슨Joseph John Thomson(1856~1940)의 연구와 자신의 이러한 실험 관찰들을 바탕으로, 원자의 부피는 거의 모든 부분이 진공 상태라고 레나드는 주장하였으며, 이것은 올바른 주장이었다. (톰슨은 전자를 발견한 공로로 1906년에 노벨 물리학상을 수상하였다.)

레나드는 크룩스 관을 사용하여 광전효과를 관찰하기도 하였는데, 음극선의 에너지가 빛의 강도에 비례하는 것이 아니라, 빛의 파장이 짧을수록 에너지가 커진다는 중요한 사실을 발견하였다. 이것은 아인슈타인Einstein이 양자 효과로서 설명하였으며, 후일 아인슈타인은 광전 양자 역학 이론으로 노벨 물리학상을 수상하였다. 레나드는 아인슈타인의 상대성 이론을 사기라고 의심하였지만, 광전 이론에는 토를 달지 않았다. 레나드는 음극선 연구의 공로를 인정받아 1905년에 노벨 물리학상을 수상하였다.

1차 세계대전의 패전으로 독일은 극심한 혼란을 겪었으며, 그 와

중에 극우 민족주의를 표방하는 히틀러의 나치 세력이 정권을 잡았다. 레나드는 나치 정권을 열렬하게 지지하였다. 레나드는 독일 민족주의 물리학을 주창하면서, 영국의 물리학을 경멸하였다. 영국의 물리학이란 독일로부터 아이디어를 훔쳐서 구성한 것이라고 주장하였다. 전자를 발견한 사람이 레나드 자신이 아니라 영국의 톰슨이라는 사실이 평생의 한이 되었던 것 같다.

레나드는 독일은 "독일의 물리학"에 의존해야 한다고 강조하면서, "유태 물리학"은 거짓이며 의도적으로 틀린 개념을 도입해 놓았다고 주장하였다. 그가 말한 유태 물리학은 아인슈타인을 가리킨다. 그는 상대성 이론을 "유태인의 사기극"이라 불렀다. 레나드는 히틀러 정권에서 "아리안 물리학"의 수장으로서 활동하였다.

1945년에 나치 독일이 패망하고 연합국이 독일을 점령한 뒤, 레나드는 하이델베르크 대학의 명예교수직을 박탈당했으며, 불명예 속에서 1947년에 사망하였다.

우연히 방사선을 발견한 베크렐

앙리 베크렐Antoine Henri Becquerel(1852~1908)은 프랑스의 물리학자이다. 그의 아버지 에드몽 Alexandre Edmond Becquerel(1820~1891)은 태양광 스펙트럼, 광학, 인광, 형광 현상 등을 연구한 물리학자였다. 앙리 베크렐은 아버지의 뒤를 이어 인광 물질을 연구하고 있었다.

1895년에 뢴트겐이 엑스 레이에 대한 논문을 발표하였는데, 베크렐은 자신이 연구하는 우라늄 화합물과 같은 자연 인광 물질들이 어쩌면 엑스 레이를 (또는 그와 유사한 광선을) 방출할 지도 모른다는 생각이 들었다. 그는 곧 실험, 관찰을 시작하였다.

베크렐은 사진용 감광판을 매우 두꺼운 검은 종이로 감쌌다. 그것을 햇빛 아래에 하루 종일 놓아두어도, 감광판이 전혀 아무런 반응이 없을 정도로, 빛을 완전히 차단시켜 주는 두꺼운 종이였다. 베크렐은 칼륨 황산 우라닐 판을 그 위에 올려놓고, 서너 시간 정도 햇빛을 쬐게 하였다. 그러고 나서 감광판을 현상해 보니, 판을 올려놓은 부분이 검은색으로 인화되었다.

베크렐은 다시 실험을 해 보았다. 우라닐 판과 감광판 사이에 동전 또는 다른 금속 물질을 넣고 같은 과정을 되풀이해 보니, 동전 또는 금속 물질의 모습이 감광판에 (그 부분은 흰색으로) 인화되어 드러났다. 그러니 칼륨 황산 우라닐 판이 어떤 광선을 방출함은 의심할 여지가 없었다. 베크렐은 자신의 가설이 맞아떨어짐에 매우 기뻐하였으며, 이 현상을 설명하는 글을 1896년 2월 24일에 프랑스 과학 학회에 보냈다.

그런데 그 후 매우 이상한 일이 일어났다. 베크렐은 이 실험을 계속하고 싶었는데, 26일, 27일 날씨가 나빠서, 햇빛이 간간이 비출 뿐이었다. 그래서 그는 실험 도구들을 어두운 방 속에 넣어두었다. 그런데 28일은 날씨가 더욱 나빠져서, 햇빛을 전혀 구경할 수 없었다. 그는 3월 1일에 (별다른 기대감 없이) 감광판을 인화해 보았다.

베크렐은 감광판에 아무런 변화도 없을 것으로 예상하였지만, 뜻밖에도 선명하게 검은색이 인화되어 나왔다. 햇빛에 노출되는 것과 상관없이 어떤 광선이 방출된 것이다. 베크렐은 매우 당혹스러웠다. 외부의 빛에너지를 흡수하여 다른 파장의 빛을 방출하는 인광 현상으로 설명할 수 없는 일이 일어난 것이다.

베크렐은 3월 2일에 과학 학회에 보내는 글에서 이 이상한 현상을 묘사하면서, 이 미지의 광선은 뢴트겐의 엑스 레이와 매우 유사하지만, 외부의 에너지 공급이 없는 상태에서 광선이 방출되었으니, 인광 물질이 가시광선을 방출하는 시간에 비해서 눈에 보이지 않는 이 미지의 광선을 방출하는 시간이 무한히 더 긴 것 같다고 설명하였다. 그렇지만 그의 이 실험만으로는 아무런 결론도 내릴 수 없었다.

베크렐은 이것이 인광 현상과 전혀 다른 어떤 현상인지, 아니면 인광 현상이 오랜 시간 지속되는 것인지 밝히고 싶었다. 그는 다른 여러 물질들로 실험을 계속하였으며, 인광성이 없는 우라늄 화합물에서도 이 현상이 나타남을 발견하였다. 그러니 이것은 우라늄 자체에서 방출되는 빛이며, 외부로부터의 빛의 자극은 필요하지 않음이 명백해졌다.

후일 이 미지의 광선은 '방사선'이라 이름 붙여졌으며, 베크렐은 방사선을 최초로 발견한 공로를 인정받아 1903년에 퀴리 부부와 함께 노벨 물리학상을 수상하였다. 베크렐의 방사선 발견은 과학 역사상 유명한 '우연한 발견'이다. 만약 그 때 날씨가 좋았더라면, 만약 베크렐이 감광판을 인화하지 않았더라면, 방사선 발견과 노벨상의 영광은 영국의 톰슨Silvanus Thompson(1851~1916)에게 돌아갔을 것이다. 그렇지만 우연히 찾아온 기회를 놓치지 않고 위대한 발견을 한 것은 그의 관찰력과 준비된 자세였다.

방사능에 희생된 퀴리 부인

마리 퀴리Marie Sklodowska Curie(1867~1934)는 폴란드 출생으로서, 프랑스에서 활동한 물리학자, 화학자이다. 그녀의 지도교수인 베크렐이 1896년에 방사선을 발견하자, 그녀는 곧 이 새로운 현상의 연구에 뛰어들었으며, 그녀의 남편 피에르Pierre Curie(1859~1906)도 그 후 이 연구에 동참하였다.

피에르는 15년 전에 일종의 전위계를 개발한 바 있었다. 그것은 전류의 흐름을 측정하는 매우 민감한 전위계였다. 마리 퀴리는 그것을 사용하여서, 우라늄의 (미지의) 광선이 그 주위의 공기에 전류가 흐르게 함을 관측하였다. 그녀는 이 기술을 사용하여서, 우라늄 화합물들의 방사선 방출량이 (화합물의 종류와 상관이 없이) 그 속의 우라늄의 양에 비례함을 밝혀냈다. 그녀는 이 결과로부터, 방사선이 원자 자체로부터 생겨나는 것이라고 가정하였다. 원자는 불변이라는 오랜 믿음이 깨어지는 순간이었다.

그녀는 두 종류의 우라늄 원광석, 피치블렌드와 토르베나이트를 가지고 실험을 하였다. 그런데 이것들은 순수한 우라늄보다 네 배,

두 배의 방사선을 방출하였다. 방사선의 방출량이 우라늄의 양에 비례한다는 그녀의 결론이 맞다면, 이들 원광석 속에는 우라늄보다 더욱 강하게 방사선을 방출하는 원자가 들어있을 것이다. 그녀는 원광석을 처리하여 새로운 방사성 원소를 찾는 작업에 돌입하였다.

사실, 그녀는 버젓한 실험실도 없었으며, 빗물이 새는 허름한 창고에서 작업을 해야 했다. 그녀는 1897년에 딸을 출산하였고, 살림에 보태기 위해 대학에서 강의도 해야 했지만, 모든 어려움을 무릅쓰고 작업에 몰입하였다. 방사선이 알려진 이후, 영국과 독일의 물리학자들도 연구에 뛰어들었으며, 새로운 결과를 얻더라도 남들보다 하루라도 더 빨리 발표를 해야만 자신의 연구 업적으로서 인정받을 수 있기 때문이었다.

그녀는 1898년 4월에 토륨(원자 번호 90)이 방사성 원소임을 밝히고 발표하였지만, 그 발견은 뒷북을 친 꼴이 되었다. 독일의 슈미트Gerhard Schmidt가 이미 두 달 전에 같은 결과를 출판하였던 것이다. 그 후 1898년 7월에 퀴리 부부는 새로운 원소의 발견을 발표하였다. 그것은 원자 번호 84로서, 그녀의 조국 폴란드를 기리기 위하여 '폴로늄'이라 이름 붙였다. 1898년 12월에 또 다른 원소의 발견을 발표하였는데, 그것은 라듐(원자 번호 88)이었다.

그렇지만 이 새로운 원소들의 발견을 명백하게 증명하려면, 원광석에서 이 원소들을 순수하게 추출해 낼 필요가 있었다. 피치블렌드는 매우 복잡한 광물이다. 이것에서 그 성분을 화학적으로 분리해 내는 일은 매우 고된 과정을 요구하였다. 다행히 폴로늄은 화학적으로 비슷한 성질의 원소가 피치블렌드 속에 없었으므로, 비교적 쉽게 발견되었다. 그렇지만 라듐은 화학적 성질이 비슷한 바륨이 섞여 있어서, 그것을 분리하는 일이 매우 어려웠다.

1898년에 라듐의 발견을 발표하였을 당시, 퀴리 부부는 라듐의 극미량을 (바륨과 혼재된 상태로) 얻었을 뿐, 의미 있을 정도의 양과는 거리가 멀었다. 퀴리 부부는 수 톤에 달하는 원광석을 부수고 끓이며 온갖 종류의 독한 화학 약품들을 사용하여 정제해 나가는 과정을 되풀이하였으며, 마침내 1902년에 0.1 그램의 염화라듐을 얻는데 성공하였다. 그것은 청록색의 아름다운 빛을 발하는 고체였다.

퀴리 부부는 방사선 연구와 새로운 원소들을 발견한 공로를 인정받아 1903년에 노벨 물리학상을 베크렐과 공동 수상하였다. 마리 퀴리는 그 후 1911년에 노벨 화학상을 수상하였다. 그녀는 오랜 세월 강한 방사능에 노출된 때문에, 재생불량빈혈로 1934년에 사망하였다.

게으름 덕분에 페니실린을 발명한 플레밍

플레밍Alexander Fleming(1881~1955)은 영국의 세균학자이다. 그는 스코틀랜드에서 태어났으며, 런던에 있는 왕립 기술학교에서 공부하였다. 그 후 4년 정도 직장 생활을 하였지만, 그의 백부가 사망하면서 약간의 유산을 상속받게 되었다. 덕분에 그는 성모병원 의과대학에서 공부를 할 수 있었으며, 의사의 길을 걷게 되었다.

1차 세계대전 당시 그는 군의관으로서 프랑스의 야전 병원에서 근무하였다. 전쟁은 참혹하였으며, 많은 부상병들이 세균에 감염되어 패혈증으로 사망하였다. 군의관들은 석탄산, 알코올 등의 방부제를 사용하여 상처를 소독하였지만, 이러한 약품들은 박테리아는 물론 환자의 면역체계를 죽이는 부작용이 있었다. 그럼에도 대부분의 군의관들은 더 많은 소독약을 사용하였다. 소독약이 오히려 환자들을 죽게 만드는 비극을 목격하면서, 플레밍은 박테리아를 상대할 효과적인 약품의 필요성을 절실히 깨달았다.

전쟁이 끝난 이후 플레밍은 성모병원으로 돌아갔으며, 1928년에 런던 대학교에서 박테리아 전공 교수가 되었다. 그는 이미 명석한 연구원이라는 명성을 얻고 있었지만, 반면에 실험실을 깨끗하게 제대로 관리하지 않는 것으로 악명이 높았다.

1928년 8월 어느 날, 실험실을 엉망인 상태로 내버려 두고 플레밍은 휴가를 떠났다. 실험을 마친 배양용기들을 씻지 않은 채 실험실의 한쪽 구석에 쌓아 둔 상태였다. 그는 9월 3일에 휴가를 마치고 돌아왔으며, 배양용기들을 깨끗이 설거지하려다가, 문득 이상한 것을 발견하였다. 다른 배양용기들은 포도상구균이 왕성하게 번식하고 있었는데, 어느 한 배양용기는 포도상구균의 번식이 억제되어 있었던 것이다. 플레밍은 배지에서 (곰팡이에 의한) 반점을 발견할 수 있었다.

플레밍은 포도상구균을 죽이는 이 정체불명의 물질을 연구하기 시작했다. 그것은 아래층 실험실에서 날아온 곰팡이 페니실리움 노타툼인 것으로 판명이 났다. 플레밍은 그 곰팡이를 순수한 배지에 기르기 시작하였으며, 그 곰팡이가 박테리아를 죽이는 어떤 물질을 분비함을 확인하였다. 플레밍은 이 물질을 '페니실린'이라 이름 붙였다.

플레밍은 이 발견을 1929년에 발표하였으며, 연구를 계속하였다. 페니실린은 여러 가지 박테리아에 효과적인 항생제였지만, 페니실리움 곰팡이를 배양하는 것은 상당히 까다로웠으며, 분비된 페니실린을 분리해 내는 일은 더욱 어려웠다. 그러니 충분히 많은 양을 생산하기가 사실상 불가능했으며, 그 때문에 임상실험도 만족스럽게 행할 수 없었다. 플레밍은 1940년까지 페니실린의 연구를 계속하였지만, 의약품으로서의 페니실린은 여전히 요원한 목표였으며, 페니실린에 회의감이 들어 거의 포기할 지경에 이르렀다.

그때 다행히 구원자들이 등장하였다. 플로리Howard Walter Florey(1898~1968)와 카인Ernst Chain(1906~1978)이 플레밍의 논문에 흥미를 느낀 것이다. 이들은 플레밍의 논문을 읽고 나서, 플레밍의 실험 방법이 많은 문제점들을 안고 있음을 파악하였으며, 여러 가지 개선 방안들을 마련하였다. 이들은 곧 페니실린의 생산과 임상 실험에 성공하였다. 2차 세계대전의 발발로, 연합국은 부상자들을 치료할 효과적인 의약품이 절실하게 필요하였다. 그 때문에 이들은 영국 및 미국 정부의 전폭적인 지원을 받을 수 있었으며, 페니실린의 대량 생산에 성공하였다.

플레밍, 플로리, 카인은 1945년에 노벨 의학상을 공동 수상하였다. 페니실린은 최초의 항생제이자 지금도 가장 널리 사용되는 항생제이며, 패혈증은 물론 폐렴, 성홍열, 디프테리아, 뇌수막염 등의 치료에 사용된다. 종두법을 개발한 제너Edward Jenner(1749~1823)와 더불어, 플레밍은 가장 많은 인류의 목숨을 구한 의학자로 간주된다. 플레밍의 페니실린 발견은 우연과 행운의 연속이었다. 때로는 지나치게 깔끔한 부지런보다 느긋한 게으름이 더 나을 때도 있는 것 같다.

명왕성을 향한 춥고 기나긴 여행길

천왕성은 1781년에 발견되었다. 천왕성의 궤도의 미세한 변동을 관측한 르베리에Le Verrier는 그 바깥에 미지의 행성의 존재를 예측하였으며, 실제로 그가 계산한 위치에서 1846년에 해왕성이 발견되었다. 1800년대 말의 관측을 통해서, 천문학자들은 천왕성의 바깥에 해왕성 이외의 또 다른 행성이 존재한다고 추측하였다.

미국의 로웰Percival Lowell은 1894년에 애리조나 주에 로웰 천문대를 건설하였다. 그의 주된 목적은 화성의 대운하를 관측하는 것이었지만, 그것이 허상임이 차차 밝혀지면서, 로웰은 새로운 목표를 설정하였다. 해왕성의 바깥에 있는 미지의 행성을 "행성 엑스"라 이름 붙이고, 그것을 찾기 위한 대장정에 돌입한 것이다.

1909년에 로웰은 행성 엑스가 존재할 것으로 추정되는 몇몇 유력한 위치의 좌표를 발표하였으며, 로웰 천문대는 그 지점들에 대한 대대적인 관측을 시작하였다. 그러나 1916년에 그가 사망할 때까지 별다른 성과가 없었다. 로웰이 사망한 이후, 그의 부인은 천문대의 소유권을 주장하였으며, 법정에서의 지루한 공방이 계속되느라 관측 활동은 중단되었다. 1929년에야 비로소 행성 엑스를 찾기 위한 관측이 재개되었다.

행성 엑스를 찾는 과제는 톰보우Clyde Tombaugh(1906~1997)라는 청년이 맞게 되었다. 천문대는 2주일 간격으로 하늘의 같은 위치를 사진 촬영하였으며, 그 두 개의 (사실상 똑같은) 사진을 비교하면서 뭔가 달라진 것을 찾아야 하는 것이 그의 임무였다. 물론, 사진 촬영은 로웰이 계산해 낸 위치에 대해서였다. 약 일 년의 노고 끝에, 톰보우는 1930년 2월 18일에 두 개의 사진에서 위치가 달라진 별을 발견하였다. 로웰 천문대는 다시 사진을 촬영하고 재차 확인을 거쳐서, 새로운 행성의 발견을 공표하였다. 로웰의 투자가 행성 엑스의 발견으로 열매를 맺은 것이다.

이 새로운 행성은 "명왕성Pluto"이라 명명되었다. 그런데 명왕성에 대한 관측과 연구가 계속됨에 따라서, 명왕성의 질량은 점점 줄어들었다. 1931년에 명왕성의 질량은 지구와 비슷한 것으로 계산되었으나, 1948년에는 지구 질량의 0.1배, 1976년에는 0.01배로 계산되었다. 천문학자들은 "이런 추세라면 명왕성의 질량은 이제 곧 0이 되겠다."라고 농담을 할 지경이었다. 1978년에 명왕성의 위성이 발견되면서, 비로소 질량을 정확하게 계산할 수 있게 되었는데, 지구 질량의 0.002배인 것으로 확인되었다.

명왕성의 질량이 이렇게 가벼운 것으로 밝혀지자, 명왕성은 천왕성의 궤도에 영향을 끼칠 수 없음이 확인되었다. 사실, 천왕성의 궤도 변화는 해왕성 때문이었으며, 천문학자들이 해왕성의 질량을 틀리게 계산한 데에서 혼선이 빚어졌던 것이다.

1989년에 보이저 2호가 해왕성 근처를 지나가면서, 해왕성의 정확한 질량을 구할 수 있게 되었다. 그 정확한 질량으로 계산해 보니, 천왕성의 궤도 변화는 전적으로 해왕성 때문이었으며, 행성 엑스는 존재할 필요가 없는 것으로 판명되었다. 그러니 로웰이 1909년에 발표한 행성 엑스의 위치 좌표는 전혀 무의미한 계산이었으며, 바로 그 지점에서 명왕성이 발견된 것은 로또 당첨과 같은 행운이었다.

미국의 나사는 명왕성에 탐사 위성을 보내는 것을 허락해 달라고 1992년에 톰보우에게 요청하였다. 톰보우는 흔쾌히 허락하였지만, "춥고 기나긴 여행길이 될 것"이라며 염려하였다. 톰보우는 1997년에 사망하였다. 그는 화장되었으며, 그 유해의 일부분은 2006년에 탐사 위성 '뉴 호라이즌즈'에 실려 명왕성을 향한 "춥고 기나긴 여행길"에 올랐다.

낙원에서 추방된 힐베르트

힐베르트David Hilbert(1862~1943)는 독일의 수학자이다. 그는 1900년대 초의 가장 위대한 수학자로서, 수학의 여러 분야에 지대한 영향을 끼쳤다. 그는 불변식론, 기하학의 공리화, 함수해석에서의 힐베르트 공간 이론을 제시하였으며, 1900년 파리에서 열린 국제 수학 의회에서 23개의 미해결 문제들을 제시하여서, 1900년대에 수학계가 나아가야 할 방향을 제시하였다. 그는 괴팅겐 대학에서 69명의 박사 제자를 배출하였는데, 그들 중 상당수는 유명한 수학자가 되었다.

1920년에 그는 '힐베르트 계획'이라 불리는 수학의 원대한 연구계획을 제시하였다. 그가 구상한 것은 튼튼하고 완벽한 논리적 토대 위에서 수학을 구성해 나가는 것이었다. 즉, 유한한 개수의 (서로 모순이 없는) 공리들을 올바르게 채택하여, 그로부터 모든 수학이 구성되도록 하되, 그 공리들의 체계가 그 수학 명제들의 참 또는 거짓을 증명할 수 있어야 한다. (증명할 수 없는 명제가 있다면, 그 공리들의 체계가 불완전한 것이다.)

힐베르트의 구상은 칸토르Georg Cantor(1845~1918)의 집합론을 바탕으로 수학을 건설하려는 것이었다. 힐베르트는 "칸토르는 우리들을 위해 이 낙원을 건설해 주었다. 이 낙원에서 우리들을 추방할 사람은 없다."라는 말로서 자신의 계획을 낙관하였다.

그의 이러한 구상은 영국의 러셀Bertrand Russell(1872~1970), 화이트헤드Alfred North Whitehead(1861~1947)가 저술, 출판한 『프린키피아 매쓰매티카』와 일맥상통하였다. 러셀과 화이트헤드의 저서는 원칙적으로 모든 수학적 진리들을 증명할 수 있는 공리들의 체계와 기호논리학에서의 추론 규칙을 설명하려는 시도로서, 수학과 논리학에 매우 중대한 영향을 끼쳤다.

그러나 이들의 원대한 계획은 1931년에 산산조각 나고 말았다. 오스트리아의 젊은 철학자 괴델Kurt Gödel(1906~1978)이 '불완전성의 정리'라는 짧은 논문을 발표한 것이다. 괴델의 논문에 따르면, 힐베르트가 제시한 것과 같은, 공리들을 바탕으로 구성한 수학 체계에는 그 공리들로 증명하는 것이 불가능한 명제가 반드시 존재한다는 것이었다. 괴델의 논문은 수학계에 엄청난 충격을 주었다. 미해결인 문제들이 어쩌면 영원히 풀리지 않을 수도 있기 때문이다. 힐베르트의 낙원은 물거품이 되고 말았으며, 힐베르트는 눈물을 흘리며 낙원을 떠나야 했다.

그 후 독일은 나치가 정권을 잡았으며, 유태인들에 대한 대대적인 박해가 시작되었다. 괴팅겐 대학의 유태인 교수, 학생들도 나치 정권의 탄압을 피하려고 독일을 떠났다. 힐베르트는 괴팅겐 대학의 전성기가 끝나가는 것을 쓸쓸히 지켜볼 수밖에 없었다. 나치의 고위 간부가 힐베르트에게 "유태인들을 모두 추방하였으니, 괴팅겐의 수학은 분위기가 좋아졌겠지요?"라고 묻자, 힐베르트는 "괴팅겐의 수학이라니요? 이제 괴팅겐에 수학은 없습니다."라고 답했다.

오스트리아는 나치 독일에 흡수되었다. 괴델은 유태인이 아니었지만, 유태인으로 오해 받아 습격을 당하는 등 생명에 위협을 받았다. 그는 젊은 나이였으니, 독일군으로 징병이 될 가능성도 있었다. 세계대전이 발발한 이후, 괴델은 미국으로 망명하였다. 서유럽으로 가는 것이 불가능하였기 때문에, 러시아 시베리아, 일본, 태평양을 지나는 머나먼 길을 택해 미국에 도착하였다.

괴델은 프린스턴 대학에 자리를 잡고, 아인슈타인과 친하게 지냈다. 괴델이 미국 국적을 취득하는 면접시험을 치를 때, 아인슈타인은 증인이 되어 도움을 주었다. 괴델은 아인슈타인의 우정에 대한 보답으로써, 일반 상대성 이론의 필드 방정식에 대한 해답을 찾아서 제시해 주었다. 그 해답은 '괴델 메트릭'이라 불리며, 시간 여행의 가능성을 열어 주었다. 아인슈타인은 괴델의 천재성에 고개를 절레절레 흔들고 말았다.

위대한 과학자의 위대한 실수

아인슈타인Albert Einstein(1879~1955)은 뉴턴과 더불어 역사상 가장 위대한 물리학자로 평가받고 있다. 아인슈타인은 1905년에 특수 상대성 이론, 1915년에 일반 상대성 이론을 발표하였으며, 상대성 이론은 양자역학과 더불어 현대 물리학의 주축을 이루고 있다. 일반 상대성 이론은 뉴턴 역학을 대체할 새로운 역학 체계였으며, 천문학에서의 여러 관측들을 통해서 일반 상대성 이론이 (뉴턴 역학보다 더욱) 정확한 이론임이 확인되었다.

상대성 이론은 철학과 종교, 사회에도 심오한 영향을 끼쳤다. 즉, 뉴턴 역학이 절대공간, 절대시간의 개념을 도입하였다면, 상대성 이론은 그러한 개념들을 깨트리고, 모든 것들이 상대적이라는 개념으로서, 마치 절대권력을 깨트리고 개개인이 동등한 민주주의를 주창하는 것 같았다.

아인슈타인은 광전효과를 설명하는 이론으로 1921년에 노벨 물리학상을 수상하였다. 그가 상대성 이론이 아닌 광전효과 이론으로 노벨상을 받은 이유는, 실험, 관측을 통해 사실 여부가 확인되지 않은 순수한 물리학 이론에 대해서는 물리학상을 수여하지 않으려는 경향이 있기 때문이며, 그 당시 상대성 이론을 반대하는 물리학자들도 많았기 때문이다.

그런데 상대성 이론을 발표할 당시에는 우주가 팽창한다는 사실이 아직 알려지지 않았다. 아인슈타인은 1917년에 일반 상대성 이론을 우주의 모델에 적용해 보았는데, 정지해 있는 우주를 설명할 수 있어야 했다. 우주 전체의 모든 물질들 사이에 중력이 작용하는데, 그럼에도 불구하고 우주가 팽창 또는 수축하지 않고 정지해 있다는 것은, 마치 허공으로 던진 공이 가만히 정지해 있는 것처럼 매우 이상한 일이었다. 아인슈타인은 '우주상수'라는 개념을 도입하여서, 중력에도 불구하고 우주가 정지해 있는 현상을 설명할 수 있었다.

그러나 그 후 미국의 천문학자 허블Edwin Hubble(1889~1953)이 윌슨 천문대의 100인치 (그 당시 세계 최대) 망원경을 사용해 변광성을 관측하면서, 우주가 팽창한다는 사실을 발견하고 1929년에 발표하였다. 그러자 아인슈타인의 우주상수는 필요가 없게 되었다. (허공으로 던진 공이 위로 올라가고 있는 것처럼, 자연스러운 상태가 된 것이다.) 아인슈타인은 우주상수는 자신의 일생에서 "가장 큰 실수"라 말하고, 그 개념을 지워버렸다.

그러나 우주에 대한 더욱 정밀한 관측이 가능해지고, 우주의 탄생과 미래에 대한 여러 가지 이론들이 더욱 엄격한 검증을 받고 있는 오늘날, 아인슈타인의 우주상수가 다시 각광을 받고 있다. 오늘날의 가장 유력한 우주론에 따르면, 우주는 빅뱅으로 탄생하였으며, 현재 팽창하고 있고, 게다가 그 팽창은 가속되고 (즉, 점점 더 빨리 팽창하고) 있다.

관측을 통해서 보면, 우주는 편편한 것으로 추정된다. 그런데 우주를 구성하는 물질, 에너지들 중에는 아직 발견되지 않은 부분이 발견된 부분보다 더 많으며, 이 미발견된 부분을 암흑물질, 암흑에너지라 부른다. 물론, 발견되지 않은 것들이니, 그것들에 대해서 정확한 결론을 내릴 수는 없지만, 편편한 우주와 가속적으로 팽창하는 우주를 만족시키는 이론으로는, 암흑에너지에 대한 우주상수 모델이 가장 유력한 이론으로 지지를 받고 있다.

아인슈타인이 가장 큰 실수라며 지워 버린 이론이, 그 때는 물론이고 아직까지도 발견되지 않은 우주의 신비한 에너지를 설명해 주는 이론으로 각광을 받고 있는 것이다. 마치 바둑에서 큰 실수가 오히려 묘수가 되는 것처럼, 위대한 과학자는 위대한 실수를 하는 것 같다.

물리학은 6개월 후에는 완전히 끝난다

본Max Born(1882~1970)은 독일의 수학자이자 물리학자이다. 그가 괴팅겐 대학에 입학하였을 당시, 괴팅겐에는 힐베르트와 민코스키Hermann Minkowski(1864~1909)가 재직하고 있었다. 민코스키는 아인슈타인의 스승이었으며, 아인슈타인이 1905년에 특수 상대성 이론을 발표한 이후, 본은 민코스키와 같이 상대성 이론을 연구하였다. (공간과 시간이 결합된 4차원 시공간을 민코스키 공간이라 부르는데, 아인슈타인은 처음에는 이 개념을 시큰둥하게 여겼지만, 그 후 일반 상대성 이론을 완성하기 위해서 요긴하게 사용하였다.)

본은 괴팅겐에서 수학 박사학위를 받았지만, 그 후 물리학을 전공하여 교수자격 학위를 얻었다. 본은 1921년부터 1933년까지 괴팅겐에서 재직하였는데, 그 시기는 양자역학이 활발하게 연구되고 발전되던 무렵이었다. 본은 많은 물리학자들과 교류하면서, 새로운 연구 결과들을 소통시키는 중개인 역할을 하였다.

본의 가장 중요한 연구 업적은 양자역학의 슈뢰딩거Schrödinger 방정식에서 확률밀도함수를 정립한 것이다. 그리고 하이젠베르크

Werner Karl Heisenberg(1901~1976), 조르단Pascual Jordan(1902~1980) 등등 유능한 제자들을 배출하였다. 본은 아인슈타인과도 친밀한 교우 관계를 유지하였으며, 아인슈타인은 본, 하이젠베르크, 조르단을 노벨 물리학상 후보자로 추천하였다.

그러나 1932년의 노벨 물리학상은 하이젠베르크 혼자 수상하는 것으로 결정이 되었다. 수상이 결정된 이후, 하이젠베르크는 본에게 보낸 편지에서, 자신이 홀로 수상하게 된 것은 잘못된 결정이라며, "괴팅겐에서 본, 조르단과 공동으로 연구한 결과에 대해서, 바깥 사람들이 잘못된 판단을 내린 것이지만…" 그럼에도 불구하고 본, 조르단이 양자역학에 기여한 것들은 추호도 변함이 없다고 밝혔다. 본은 1954년에 비로소 노벨 물리학상을 수상하였다.

본은 유태인이었으므로, 나치가 정권을 잡은 이후, 탄압을 피해 영국으로 옮겨갔다. 그 후 그는 영국 국적을 취득하였으며, 70세에 정년퇴직 할 때까지 영국에서 활동하였다. 은퇴한 후 본은 서독으로 귀국하였으며, 그 이후에도 활발하게 연구 및 저술 활동을 하였다.

본이 괴팅겐에 재직하고 있던 1928년, 본은 괴팅겐을 방문한 사람들에게 "우리들이 알고 있는 현대의 물리학은 6개월 후에는 완전히 끝난다."라고 말했다. 그가 이렇게 확신에 차서 말한 근거는, 영국의 물리학자 디랙Paul Dirac(1902~1984)이 전자의 움직임을 설명하는 방정식을 발견한 것이었다. 그 당시에는 원자를 구성하는 기본 입자로서 전자와 양성자만이 알려져 있었으니, 이제 원자핵을 구성하는 양성자의 운동에 대한 방정식을 발견하기만 하면, 모든 물리학 이론이 완성된다는 뜻이었다.

그런데 그 무렵은 양자역학이 활짝 꽃피던 시절로서, 온갖 새로운 이론이 하루가 멀다 하고 쏟아져 나오고 있었으며, 본 자신도 그러한 연구의 중심에 있었다. 디랙의 방정식은 양전자의 존재를 예언하였으며, 양전자는 1932년에 발견되었다. 그리고 1932년에 원자핵을 구성하는 다른 한 입자인 중성자가 발견되었다. 그 이후 원자핵 분열의 에너지를 활용하는 원자로 및 원자폭탄이 연구, 개발되었다.

그 후 양성자, 중성자는 기본 입자들이 아님이 밝혀졌으며, 이들을 구성하는 소립자들이 발견되었다. 소립자들을 연구하기 위하여, 점점 더 성능이 좋은 가속기들이 건설되면서, 300여 개가 넘는 소립자들이 발견되었다. 현대 물리학은 오늘도 끊임없이 발전하고 있으니, 본의 공언은 무모한 자신감이었던 것 같다.

신은 주사위를 굴리지 않는다

양자역학은 미시세계를 설명하는 획기적인 이론이다. 기존의 뉴턴 물리학의 이론으로는 원자 단위의 미시세계를 설명할 수 없었으며, 그 한계를 극복한 새로운 이론이 바로 양자역학이었다. 그러나 양자역학은 생소한 개념이 많아서, 위대한 물리학자들조차 강한 거부감을 드러내곤 했다.

하이젠베르크는 1927년에 불확정성의 원리를 발견하였다. 즉, 어느 입자의 위치를 정확하게 측정하면 그 운동량이 그만큼 부정확하게 측정되고, 운동량을 정확하게 측정하면 그 위치가 그만큼 부정확하게 측정되어서, 그 부정확들의 곱은 반드시 어떤 상수 이상이 된다는 것이었다.

아인슈타인은 불확정성의 원리를 매우 싫어하였다. 그는 이것을 깨트리기 위해 여러 차례 공격을 하였지만, 그 때마다 보어Niels Bohr(1885~1962)는 아인슈타인의 공격을 막아내고 이것을 방어하였다. (보어는 원자 구조와 양자역학에 대한 연구로 1922년에 노벨 물리학상을 수상하였다.) 아인슈타인과 보어는 당대 최고의 물리학자들이었으니, 다른 모든 물리학자들이 지대한 관심을 갖고 이들 사이의 논쟁을 지켜보았다.

아인슈타인은 1930년의 학회에서 자신의 생각 실험을 제시하였다. 어떤 상자에 시계와 셔터, 그리고 빛을 방출하는 장치를 설치하자. 셔터가 열리는 시간 동안 빛을 방출하는데, 그 열리는 시간은 시계로 측정한다. 그 방출된 빛의 양은 에너지이다. 그런데 아인슈타인의 유명한 공식 $E=mc^2$에 따르면, 에너지는 곧 질량이다. 그러니 상자 전체의 질량의 변화를 측정하면, 방출된 빛의 에너지를 측정한 것이다. 이렇게 하면, 방출된 에너지와 그 방출된 시간을 얼마든지 정밀하게 측정할 수 있으며, 이는 불확정성의 원리에 어긋난다.

아인슈타인의 주장에 보어는 큰 충격을 받았다. 그 논리는 전혀 빈틈없이 완벽해 보였으며, 그것을 깨트릴 방법이 없는 것 같았다. 보어는 근심이 가득한 얼굴이 되었다. "만약에 아인슈타인의 주장이 옳다면, 현대 물리학은 전부 다 무너져 버린다." 보어는 아인슈타인의 궤멸적인 공격으로부터 현대 물리학을 수호해 줄 구세주를 찾아서, 다른 물리학자들을 한 명 한 명 붙잡아서 답을 구하였다. 그러나 보어 자신이 그 구세주가 되어야 함이 명백했다. 보어는 그날 밤을 꼬박 뜬눈으로 지새우며 아인슈타인의 논리에서 허점을 찾았다.

다음 날, 보어는 다음과 같이 반박하였다. 예를 들어 탁자 위에서 용수철 저울을 사용하여 상자의 무게를 측정한다고 하자. 빛을 내보낸 다음 상자의 무게를 측정하려면, (무게가 달라졌으니) 상자의 수직 위치(높이)가 달라져야 하니, 상자는 수직으로 움직여야 한다.

그러니 수직 방향 속력에 불확정성이 있으며, 따라서 탁자 위에서 그 높이의 불확정성이 있다.

게다가 그 높이의 불확정성은 시계의 정확도의 불확정성이 된다. 왜냐 하면 아인슈타인의 상대성 이론에 따르면, 중력이 시간의 흐름에 영향을 끼치기 때문이다. 이렇게 불확정성이 차례차례 전달되어서, 상자 실험의 에너지와 방출 시간을 어떤 상수 이상으로 정확하게 측정하는 것은 불가능하다.

보어는 중력질량과 관성질량은 동등하다는 개념을 사용하였는데, 이것은 아인슈타인의 위대한 아이디어였다. 보어는 아인슈타인의 공격을 완벽하게 물리치는데 성공하였으며, 그것도 아인슈타인 본인의 무기를 사용한 것이었다. 아인슈타인은 자신의 주장에 논리적 허점이 있음을 시인할 수밖에 없었다. 아인슈타인과 보어의 얼굴 표정은 그 전날과 비교해 서로 뒤바뀌었음은 물론이다.

그러나 아인슈타인은 죽을 때까지 불확정성의 원리를 인정하지 않았다. 아인슈타인은 본에게 보낸 편지에서 "신은 주사위를 굴리지 않는다."는 유명한 말을 하였는데, 이는 불확정성의 원리에 대한 그의 반감을 잘 드러낸 명언이었다.

고양이를 반쯤 죽인 슈뢰딩거

슈뢰딩거Erwin Schrödinger(1887~1961)는 오스트리아의 물리학자이다. 그는 양자역학에서 파동방정식으로 유명하며, 1933년에 노벨 물리학상을 (디랙과 공동으로) 수상하였다.

슈뢰딩거는 1935년에 고양이의 역설을 제시한 것으로 유명하다. 이 역설은 양자역학에서 '양자적 융합quantum entanglement'이라는 현상에 대한 해석의 문제점을 제시하기 위한 것이었다. 양자적 융합이란, 두 체계(예를 들어, 두 개의 소립자들)의 상태들이 결합된 상태로서, 이들이 서로 작용을 하였다가 서로 분리되어 양립하며, 제각각 확정된 상태가 아닌 것을 말한다.

이러한 양자적 융합을 어떻게 해석하느냐를 놓고 논란이 많았는데, 1935년에 아인슈타인은 화약의 역설을 제시하였다. 화약이 들어 있는 상자가 있는데, 그 화약은 불안정한 상태로서, 일 년 안에 터져버릴 확률, 터지지 않을 확률이 각각 반반이라고 하자. 일 년 후, 이 두 상태들의 양자적 융합이란 도대체 무엇인가? 화약이 절반은 터지고 절반은 그대로 남아있는 상태를 말하는 게 아님은 확실하다.

슈뢰딩거는 아인슈타인의 이 역설을 재포장하여 고양이의 역설을 제시하였다. 상자 안에 방사성 물질과 그에 반응하는 어떤 기계 장치, 그리고 살아 있는 고양이를 넣어 둔다. 그 방사성 물질은 한 시간 동안에 한 개의 원자가 붕괴할 확률이 절반이다. 만약 붕괴가 일어나면, 기계 장치가 작동하여 고양이를 죽인다. 붕괴가 일어나지 않으면, 기계 장치는 가만히 있으며, 고양이는 살아 있게 된다. 즉, 고양이는 죽을 확률, 살아 있을 확률이 각각 반반인데, 한 시간 후, 이 두 상태들의 양자적 융합이란 무엇인가?

고양이의 역설은 물리학계를 큰 충격에 빠트렸다. 한 개의 원자가 붕괴하거나 또는 붕괴하지 않은 상태의 양자적 융합을, 슈뢰딩거는 죽은 고양이와 살아 있는 고양이의 양자적 융합으로 바꾸어 놓은 것이다. 이 문제는 동전 던지기로 고양이를 죽이거나 살려 두는 것과는 다르다. 동전 던지기로 결정하면, 고양이가 죽거나 사는 확률은 각각 절반이지만, 그 중의 어느 한 사건이 실제로 일어나는 것으로 마무리가 되며, 두 상태가 양립하거나 융합하는 일은 없다.

보어를 중심으로 한 코펜하겐 학파는 자신들의 기존 이론에 따른 해석을 제시하였다. 즉, 그 두 상태가 유지되다가, 외부에서 상자 속을 들여다보면, 어느 한 상태는 붕괴되어 없어지고 다른 한 상태로 확정된다는 것이었다. 그러나 이러한 해석은 일반적인 상식으로 판단하면 매우 이상한 일이다. 예를 들어, 고양이가 30분 후에 죽었다고 하자. 그런데 그 이후 30분 동안 고양이는 죽은 상태와 살아 있는 상태가 양립하고 있다가, 한 시간이 되어 외부에서 상자 속을 확인해 보니, 살아 있는 상태는 붕괴되어 없어진다. 그렇다면 후반

부의 30분 동안 살아 있는 상태란 도대체 무엇인가?

사실, 슈뢰딩거가 고양이의 역설을 제시한 이유가 바로 코펜하겐 학파의 이러한 해석의 문제점을 지적하기 위한 것이었다. 1935년 당시에는 코펜하겐 학파의 해석이 양자역학의 정설로서 인정을 받고 있었다. 슈뢰딩거는 고양이가 죽은 상태와 살아 있는 상태가 양립하고 있다고 주장하는 것이 아니며, 그 두 상태가 '양자적 융합'을 한다고 주장하는 것도 아니다. 코펜하겐 학파의 해석을 따르면, 그런 이상이 일이 일어나게 됨을 지적한 것이다. 그런 관점에서 보면, 코펜하겐 학파는 슈뢰딩거가 파 놓은 함정에 완벽하게 빠져 버린 것이다.

슈뢰딩거의 역설은 고대 그리스의 제논Zenon(B.C. 490~B.C. 430)의 역설을 연상시킨다. 제논이 여러 가지 역설을 만들어 낸 까닭은, 그 당시 철학자들의 논리의 맹점을 지적하기 위해서였다. 슈뢰딩거의 고양이 역설은 오늘날에도 해결되지 않은 상태인데, 양자역학의 해석에 주의를 환기시킨 시금석으로 평가받고 있다.

어느 수학자의 사죄

하디Godfrey Harold Hardy(1877~1947)는 영국의 수학자이다. 그의 전공 분야는 정수론이었으며, 캠브리지 대학에 재직하면서, 영국 수학계에 대륙의 순수수학과 엄밀함을 도입하였다는 평가를 받고 있다. (영국 수학은 뉴턴의 영향 때문에 응용수학에 치중한 경향이 있었다.)

하디는 1940년에 『어느 수학자의 사죄』라는 짤막한 수필을 출판하였다. 이 책은 노년의 수학자가 자신의 수학적 업적을 회고하면서, 몇 가지 일화들을 중심으로 수학자들의 직업의 내면을 솔직하게 공개한 내용을 담고 있다. 마치 낙엽이 떨어지는 늦가을의 쓸쓸함을 연상케 하는 분위기에서, 하디는 절친한 동료 리틀우드John Edensor Littlewood(1885~1977), 그리고 인도의 천재 수학자 라마누잔Srinivasa Ramanujan(1887~1920)과의 일화들을 소개해 놓았다.

하디와 리틀우드는 (영어권에서) 가장 유명한 수학자들이었으니, 상당수의 아마추어 수학자들이 자신들의 결과물들을 보내 평가를 받고 싶어 했다. 물론 그것들의 대부분은 평행선 공리를 증명한다거나 또는 60도 각을 삼등분하는 등등 수학적으로 의미가 없는 내용이었지만, 이들은 혹시라도 하는 심정으로 성의 있게 그것들을 검토하였다.

어느 날, 인도의 라마누잔이라는 사람이 보낸 수학 연구 노트가 하디에게 배달되었다. 하디는 라마누잔이 보낸 노트를 읽어 보고, 처음에는 언뜻 "사기"라고 생각했으나, 곧 그것들이 심오한 수학적 결과물임을 깨닫게 되었다. "이 내용들은 틀림없이 참이다. 왜냐하면, 만약에 이것들이 거짓이라면, 세상 그 누구도 이것들을 고안해 낼 상상력이 있을 수 없기 때문이다."

하디는 라마누잔을 영국으로 초청하였다. 하디, 리틀우드, 라마누잔은 공동으로 연구하여 여러 가지 중요한 결과들을 얻었다. 그러나 1차 세계대전이 일어나고, 리틀우드는 영국군의 병참 본부에서 근무하면서, 자신의 수학적 능력을 전쟁을 수행하는 분야에서 발휘하였다. 하디는 그것이 매우 안타까웠다. 전쟁 때문에 생필품이 부족해 삶이 궁핍해졌으며, 특히 라마누잔은 고생이 심해졌다. 라마누잔은 종교 때문에 고기를 먹지 않았기 때문이다.

라마누잔은 영양실조와 결핵 등의 질병으로 고생하였다. 그는 1919년에 인도로 돌아갔지만, 그 다음 해에 사망하였다. 하디는 라마누잔의 수학적 재능을 오일러Euler, 가우스Gauss와 동급이라고 평가하였다. 라마누잔은 정수론, 수열, 연분수 분야에서 수많은 독창적인 결과들을 발견하였으며, 하디는 라마누잔을 발굴한 것이 자신의 일생에서 가장 중요한 업적이라고 자랑하였다.

하디는 순수한 (실생활에 전혀 활용되지 않을) 수학이야말로 진정한 수학이라고 평가하면서, 응용수학을 평가절하 하였다. 그는 특히 수학이 전쟁에 활용되는 사실에 깊은 거부감을 나타냈다. (그가 이렇게 전쟁을 배격하게 된 데에는, 라마누잔이 전쟁 때문에 영양실조로 희생되었고, 리틀우드가 병참 본부에서 근무한 것이 원인으로 작용하였다.) 수학자들에게 그들의 연구가 전쟁에 활용될 수 있음에 경계심을 당부하면서, 상대성 이론이나 또는 정수론 같은 순수수학은 절대 전쟁에 사용될 리가 없으니 안심하고 연구해도 된다고 결론을 내렸다.

그러나 그 후 상대성 이론은 핵폭탄을 만드는데 사용되었으며, 정수론은 암호문을 만들고 해독하는데 사용되었다. 이것들은 미국을 중심으로 한 연합국들이 일본, 독일을 물리치고 2차 세계대전에서 승리를 거둔 결정적인 무기였다. 하디가 이 책을 출판한 것이 1940년이었으니, 불과 5년 후를 못 내다 본 셈이 되고 말았다.

핵폭탄에 절망한 오펜하이머

오펜하이머Julius Robert Oppenheimer(1904~1967)는 미국의 물리학자이다. 그는 줄담배의 골초였으며, 성격이 불안정하고 파괴적인 성향이 있었다. 그는 연구에 몰입하면 식음을 전폐하고 연구에 집중하였으며, "물리학이야말로 가장 소중한 친구"라고 말하였다. 오펜하이머는 독일 괴팅겐에서 본의 지도 하에 박사학위를 받았으며, 그 후 미국 버클리 대학에 재직하였다.

유럽에서 2차 세계대전이 발발한 이후, 미국 정부는 핵폭탄을 제조하려는 맨하탄 계획을 출범하였다. 오펜하이머는 핵분열에서의 중성자 계산을 위해 맨하탄 계획에 초대되어 참여하였는데, 그는 열성적으로 임무를 수행하였으며, 곧 맨하탄 계획을 사실상 총괄, 지휘하게 되었다.

오펜하이머는 노벨상을 받지 않았기 때문에, 많은 노벨상 수상자들을 조직, 지휘하는 그에게 권위 부족을 의심하는 시선도 있었다. 그러나 그는 핵물리학 전반에 관한 해박한 지식은 물론이고, 실제

핵폭탄 제조에 필요한 화학, 금속학, 기계공학, 화약이론 등등에도 탁월한 지식을 갖추고 있었다. 그리고 다른 물리학자들을 통솔하는 지휘력과 경영 능력은 물론, 그 계획을 꼭 성공시키려는 야망에 불타고 있었다. 맨하탄 계획을 총괄할 적임자였던 것이다.

마침내 1945년 7월 16일에 뉴멕시코 주의 사막에서, 역사상 최초의 핵폭탄이 성공적으로 폭발하였다. 오펜하이머는 그 위력에 놀라면서, "나는 이제 온세상을 파괴하는 죽음이 되었구나."라는 바가바드 기타의 문구를 인용하였다. 오펜하이머는 '핵폭탄의 아버지'라 불리게 되었다.

미국 정부는 곧 일본에 핵폭탄을 투하하기로 계획하였는데, 오펜하이머는 그것을 강력하게 반대하였다. 핵폭탄의 엄청난 위력에 수십 만 명의 사상자가 생길 것은 너무나 명백한 사실이었다. 오펜하이머는 일본의 고위 정치인, 군인들을 미국으로 초청하여, 사막에서 핵폭탄의 실험을 참관하게 할 것을 제안하였다. 만약에 그게 불가능하다면, 일본의 무인도 또는 깊은 산속에 핵폭탄을 투하할 것을 제안하였다.

그러나 그 당시의 치열한 전쟁 상황에서, 일본의 고위층들을 미국으로 초청하는 것은 있을 수 없는 일이었다. 설령 미국이 초청을 한다 하더라도, 일본이 응할 리가 없었다. 그리고 핵폭탄은 새로운 기술이었으니, 그게 꼭 폭발한다고 장담을 할 수 없었다. 그러니 일본에게 사전에 그 위력을 경고한 뒤 무인도에 투하하는 방식으로 무력시위를 하기는 망설여졌으며, 제조된 핵폭탄의 개수가 적었으니, 그렇게 낭비할 여유도 없었다.

그리고 미국은 2차 세계대전이 끝난 이후 소련 공산주의와의 대결을 염두에 두고 있었으니, 핵폭탄의 위력을 실전에서 과시하고 싶었다. 미국은 결국 일본 히로시마, 나가사키에 원자폭탄을 투하하였으며, 상상을 초월하는 끔찍한 피해를 낳았다. 오펜하이머는 그 엄청난 참상에 큰 충격을 받았으며, 죄책감에 시달리게 되었다.

그 후 1949년에 소련이 원자폭탄을 개발하는데 성공하였다. 1950년에 한국 전쟁이 발발하고, 유럽에서도 미국과 소련이 첨예하게 대립하면서, 미국과 소련은 원자폭탄보다 수백 배의 위력을 가진 수소폭탄을 경쟁적으로 개발하게 되었다. 미국 정부는 오펜하이머에게 그 계획을 지휘해 줄 것을 요청하였지만, 오펜하이머는 수소폭탄의 개발을 반대하였으며, 다른 물리학자들에게도 그 계획에 참여하지 말 것을 권유하였다. 그러나 수소폭탄은 개발되고 말았으며, 오펜하이머는 공산주의자로 매도되어 청문회에 불려 나가는 수모를 겪어야 했다.

핵폭탄을 개발할 당시, 오펜하이머는 그것을 실전에서 사용할지 여부를 과학자들이 결정하게 되리라고 순진하게 생각했던 것이며, 핵폭탄의 아버지라는 명예는 결국 그에게 멍에가 되고 말았다.

죽은 바이러스는 항체를 생성하지 않는다

솔크Jonas Salk(1914~1995)는 미국의 의학자이다. 그는 뉴욕에서 태어났으며, 유태인이었다. 그의 부모는 가난하였지만 자식들의 성공을 위하여 헌신하였으며, 그는 뉴욕 대학교 의과대학에서 두각을 나타냈다. 솔크는 의사가 되는 대신에 의학 연구에 투신하기로 결정하였다.

2차 세계대전이 끝난 이후, 미국은 세계 최강대국으로서 번영된 사회를 구가하였지만, 소아마비라는 무서운 전염병이 매년 여름 미국을 강타하였다. 그 당시 미국에서는 "세상에서 가장 무서운 것은 핵전쟁이고, 두 번째로 무서운 것은 소아마비"라는 말이 있을 정도로, 소아마비는 미국 사회에 엄청난 공포를 불러일으켰다.

미국의 의학계는 소아마비의 치료법 또는 예방 백신을 개발하기 위해 전력을 기울이고 있었다. 제너의 종두법이 개발된 이후, 예방 백신이란 그 병을 일으키는 바이러스와 매우 유사한 (그렇지만 병세가 훨씬 더 약한) 바이러스를 사용하거나, 또는 그 바이러스를 매우 약하게 만들어서 사용함으로써, 그 병에 대한 항체가 생성되도록 하는 것이었다. 천연두, 광견병, 디프테리아, 파상풍, 결핵 등의 무서운 질병들이 모두 예방 백신이 개발됨으로써 정복되었다. 그러나 미국에서 소아마비 예방 백신의 개발은 계속 실패하고 있었다. 임상시험에 참여한 어린이들이 소아마비에 걸려 사망하거나 불구가 되는 경우가 속출하는 상황이었다.

그런데 솔크는 기발한 아이디어를 제시하였다. 바이러스를 포르말린으로 죽인 백신을 개발한 것이었다. 그 당시 상당수의 전문가들은 솔크의 죽은 바이러스 백신에 회의감을 나타냈다. "죽은 바이러스는 항체를 생성하지 않는다."는 것이 당시의 정설이었다. 특히 사빈Albert Sabin(1906~1993)은 솔크의 연구에 강력히 제동을 걸고 나섰다. (사빈은 유태인으로서, 러시아의 식민 지배를 받던 폴란드에서 태어났으며, 1922년에 미국으로 이주하였다.) 사빈은 자신이 개발하고 있던 산 백신이 더욱 효과적이라고 생각하였기 때문이다.

그러나 솔크의 백신은 죽은 바이러스를 사용하였으니, 백신이 소아마비를 발병시킬 가능성이 없었다. 솔크는 자신의 아내와 자녀들을 첫 임상시험에 참여시켜서, 국민들에게 백신이 안전하다는 확신을 심어 주었으며, 그 덕분에 수많은 사람들이 임상시험에 참여해 주었다. 마침내 1955년 4월에 백신의 임상시험이 성공하였음을 발표하였다. 미국 전역은 축제의 분위기가 되었으며, 솔크는 국민적 영웅이 되었다. 미국과 서유럽 국가들은 솔크의 백신을 대량으로 제조, 구입, 접종하여서, 소아마비를 물리칠 수 있었다.

사빈은 소련의 의학자들과 협력, 연구하여 자신의 백신을 1960년에 완성할 수 있었다. 사빈의 백신은 산 바이러스 백신이었으며, 그의 백신은 소련 및 동유럽, 아시아 등지에서 널리 사용되었다. 사빈의 백신은 아마 솔크의 백신보다 더 뛰어난 백신일 것이다. 솔크 백신을 접종한 사람은 소아마비가 발병하지는 않지만, 소아마비 균을 지니고 있으면서 다른 사람에게 전염시킬 수 있다. 반면에 사빈의 백신은 보균조차 차단해 주기 때문에, 소아마비 바이러스를 완전히 박멸할 수 있는 길을 열어 주었다.

그러나 그 당시 미국은 소아마비와의 전쟁을 치르고 있었으니, 더 성능이 좋은 무기보다도, 당장 적을 물리치는데 사용할 수 있는 무기가 필요했으며, 솔크 백신은 그 역할을 충분히 해냈다. 솔크는 노벨 의학상을 받지 못했지만, 죽은 바이러스는 항체를 생성하지 않는다는 고정관념을 깬 것만 하더라도, 노벨상을 받았어야 마땅한 업적이었다.

탈리도마이드의 비극과 반전

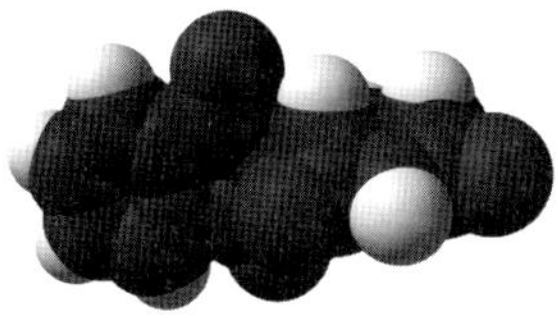

탈리도마이드는 1950년대에 서독 그뤼넨탈Grünenthal 사에서 개발한 의약품으로서, 임부의 입덧 완화제 및 수면제로 사용되었다. 그뤼넨탈은 탈리도마이드가 불면증, 감기, 두통, 입덧에 대한 "기적의 명약"이라고 대대적으로 선전하였으며, 서독 및 서유럽 국가들에서 널리 사용되었다.

그런데 그 후 이상한 일이 일어났다. 팔, 다리가 없거나 또는 매우 짧은 (손가락, 발가락이 없이) 기형아들이 태어나기 시작한 것이다. 1950년대 말에서 1960년대 초에 이르기까지, 46개 국가에서 만 명 이상의 기형아들이 태어났다. 특히 서독, 영국에서 많은 기형아들이 태어났으며, 서독과 영국 정부에서는 그 원인을 파악하려고 대대적인 연구를 하였으나, 처음에는 그 원인이 파악되지 않았다. 미국, 소련의 핵실험 결과로 대기권에 퍼진 방사능 때문에 기형아가 생겼다는 소문이 돌기도 하였다.

그러나 그 후 임산부들이 임신 초기에 탈리도마이드를 복용하였다는 공통점이 드러나면서, 탈리도마이드가 원인으로 지목받게 되었다. 물론, 탈리도마이드는 동물 실험 및 사람에 대한 임상시험을 거쳐 의약품으로 승인되었다. 그러나 연구가 더 진행되면서, 탈리도마이드의 광학이성질체가 기형을 초래한 원인물질임이 밝혀졌다. (광학이성질체란 거울상 대칭인 분자를 말하며, 화학적 성질은 완전히 똑같지만, 생명체에 작용할 때는 효과가 달라지는 경우가 종종 있다.) 탈리도마이드는 태아가 핏줄을 만드는 과정을 방해하여서, 팔, 다리가 발달되지 않도록 만들었던 것이다.

그렇지만 그 당시 서독에서는 태아의 기형에 관한 통계숫자가 제대로 나오지 않았다. 나치 독일 정권이 기형 및 장애아들에 대하여 정확한 통계를 낸 뒤, 그것을 바탕으로 끔찍한 만행을 저지른 아픈 과거 때문에, 당시 서독에서는 그러한 통계 자체가 금기시되었던 것이다. 그 때문에 원인을 밝히는데 더 많은 시간이 필요했으며, 그뤼넨탈 사는 (존재하지 않는 통계 덕분에) 탈리도마이드의 원인설을 부인하며 배상을 거부하였다. 그 당시 서독에는 국민의 건강을 책임지는 정부부처가 없었으며, 1962년에 탈리도마이드의 시판이 금지되고 나서 몇 달 뒤, 비로소 '연방 건강부'가 생겨났다.

서방국가들 중에 미국은 유일하게 탈리도마이드의 피해가 (거의) 없었다. 미국의 식품의약청(FDA)이 거대 제약회사의 압력에 굴복하지 않고, 좀더 연구가 필요하다면서 탈리도마이드의 시판을 허가하지 않았기 때문이다. 임상시험 과정에서 탈리도마이드가 사용되기는 하였지만, 서유럽 또는 캐나다와 비교하면, 미국은 거의 피해가 없었다. (후일 케네디 대통령은 식품의약청의 담당 공무원에게 특별상을 수여하였다.)

1950년대 무렵, 의학자들은 임부가 복용한 의약품이 탯줄을 통해 태아에게 전달되어 작용한다는 사실을 모르고 있었다. 탈리도마이드의 비극이 있고 나서, 임부들이 복용하는 의약품은 더욱 엄격한 임상시험을 거치도록 요구하게 되었다.

일부 피해자들은 그뤼넨탈 사를 상대로 손해배상을 청구하여 승소하기도 하였다. 그러나 대부분의 피해자들은 보상을 받지 못한 채 어렵게 살아가야 했다. 그뤼넨탈 사는 2012년 8월에야 비로소 탈리도마이드의 제조와 그 피해자들을 외면한 것에 대해 사과하였지만, 대부분의 피해자들은 이미 사망한 후였다.

오늘날 탈리도마이드는 다발성 골수종의 치료제로 사용되며, 다른 암들의 치료제로도 시험, 연구되고 있다. 혈관 생성을 막는 성질을 이용한 것이다. 많은 임산부들을 경악케 한 악마의 수면제가, 암을 치료하는 기적의 명약이 될 가능성이 있는 것이다.

작도의 3대 난문제

작도의 3대 난문제란 주어진 각을 3등분하는 작도, 2의 세제곱근 작도, 주어진 원과 같은 넓이를 가지는 정사각형의 작도 문제를 말한다. 수학의 역사에서 수많은 사람들이 이 문제에 도전하였지만, 결국 이것들은 작도가 불가능한 것으로 결론이 내려졌다.

작도 문제가 나오게 된 근원은, 유클리드의 『기하학 원론』이다. 유클리드의 『기하학 원론』은 직선과 원을 사용하였을 뿐, 다른 어떠한 곡선도 다루어 놓지 않았다. 즉, 『기하학 원론』은 직선과 원만을 사용하여 (유한한 횟수의 과정을 통해서) 구할 수 있는 모든 것들을 다루어 놓은 것이다. 예를 들어, 주어진 임의의 각을 2등분하는 (작도) 방법이 나오니, 사람들은 당연히 "그렇다면 3등분도 가능한가?"라는 의문을 갖고 연구를 한 것이다.

2의 세제곱근 문제가 제기된 데에는, 재미있는 전설이 전해진다. 그리스 델로스 섬에 태양의 신 아폴론을 모시는 신전이 있었고, 신전에는 정육면체의 제단이 있었다. 그리스에 전염병이 퍼져서 많은 사람들이 쓰러지자, 사람들은 델로스 섬의 아폴론 신전으로 몰려가 신탁을 받았다. 그 신탁은 "신전의 제단을 똑같은 모습으로, 부피를 두 배로 만들면, 전염병이 사라질 것이다."라고 나왔다.

사람들은 기뻐하며 물러났지만, 막상 제단을 새로이 만들려고 해 보니, 똑같은 모습으로, 부피를 두 배로 만드는 것이 쉬운 문제가 아니었다. 변의 길이를 $\sqrt{2}$ 배로 하여 제작해 보니, 그 부피는 $2\sqrt{2}$ 배가 되었으며, 전염병은 계속 창궐하였다. 사람들은 2의 세제곱근을 구할 방법을 찾아보았으나, 그것은 도저히 풀 수 없는 문제였다.

원과 같은 넓이를 가지는 정사각형의 작도 문제란, "주어진 원의 넓이를 구하시오."라는 문제라고 볼 수 있다. 곡선으로 된 도형의 넓이를 구하는 것은 수학에서 중요한 문제이며, 특히 원은 가장 중요한 곡선 도형이고, 그 넓이를 구하는 것은 매우 어려운 문제였다. 물론, 아르키메데스를 비롯한 많은 수학자들이 소진법을 사용하여 원의 넓이를 (즉, 원주율 π의 값을) 점점 더 정확하게 구해 나갔지만, 정확한 값은 구할 수 없었으며, 그러한 노력의 과정에서 이 문제가 나온 것이다.

각의 3등분 문제는, 어떤 종류의 각은 3등분이 가능하다. 예를 들어, 90도 각을 3등분하는 것은 가능하다. (왜냐 하면, 30도 각을 작도할 수 있기 때문이다.) 그러나 60도 각을 3등분하는 것은 (즉, 20도 각을 작도하는 것은) 불가능하며, 각을 3등분하려는 시도는 대부분 60도 각에 대해서였다.

그리고 작도 문제는 유한한 횟수의 과정을 통해서 답이 나와야 한다. 즉, 작도를 무한히 계속 되풀이하여서 극한값을 취하는 것은 작도로서 인정하지 않는다. 사실, 이런 식으로 극한을 취하면, 모든 것들이 다 작도 가능하게 된다.

결론적으로, 이들 3대 난문제는 작도가 불가능하다. 대수학이 발달함에 따라서, 작도 문제는 대수학에서 방정식의 근을 구하는 문제로 바꾸어서 생각할 수 있게 되었으며, 이것들은 모두 작도가 불가능함이 대수학적으로 증명되었다. 2의 세제곱근은 3차방정식 $x^3 = 2$의 근인데, 이러한 (2차방정식으로 인수분해 되지 않는) 3차방정식의 근은 작도가 불가능함이 증명되었다. 원주율 π는 초월수(유리수 계수 방정식의 근이 되지 않는 수)임이 증명됨으로써, 원과 같은 넓이를 가지는 정사각형의 작도가 불가능함이 증명되었다. 그리고 20도 각을 작도하는 것이 불가능함이 증명되어서, 60도 각을 3등분하는 것이 불가능함이 밝혀졌다.

오늘날에도 이것들을 작도하려는 사람들은 계속 등장하지만, 수학적으로 말하면, 이것들은 모두 끝난 문제들이다.

현대 수학자들의 실수 1

삼각함수 사인sine, 코사인cosine은 수학에서 매우 중요한 함수들이며, 이들의 미분도 수학에서 매우 중요한 미분이다. 거의 대부분의 수학책에서는 삼각함수의 공식

$$\sin(a+h) = \sin a \cos h + \cos a \sin h$$

를 사용하여 사인 함수를 미분하며, 대부분의 학생들은 이 대목에서 학을 떼며 수학을 포기한다.

그런데 이것은 큰 실수이다. 미분이란 접선(의 기울기)을 구하려는 계산 과정이며, 그러니 접선을 구하면 이미 미분을 구한 것이다. 사인, 코사인 함수는 삼각함수라기보다 사실은 원함수이다. 즉, 반지름 1인 단위원에서 y의 좌표로 정의된 것이 사인 함수이고, x의 좌표로 정의된 것이 코사인 함수이다. 그런데 원의 접선은 아주 쉽게 구할 수 있으며, 따라서 사인, 코사인 함수의 미분도 아주 쉽게 구할 수 있다.

단위원의 점 $(1, 0)$에서 출발하여, 변수 θ가 단위원을 따라 움직인 길이를 바로 자기 자신 θ로 나타내자. 이때 $y = \sin\theta$, $x = \cos\theta$이다. 단위원에서 각 a인 지점을 점 A라 하자. 이 점에서 접선을 그

으면, 그 접선은 y축과 이루는 각이 a이다. 그러므로 이 점에서 사인 함수의 미분은

$$\sin'(a) = \lim_{\Delta\theta \to 0} \frac{\Delta y}{\Delta\theta} = \cos a$$

이다. 그리고 이 점에서 코사인 함수의 미분은

$$\cos'(a) = \lim_{\Delta\theta \to 0} \frac{\Delta x}{\Delta\theta} = -\sin a$$

이다.

사실, 고대 그리스의 기하학자들이 (사인, 코사인 함수가 태어나기도 전에, 미분 개념이 생겨나기도 전에) 이미 사인, 코사인 함수의 미분을 90% 이상 완성해 놓고 있었던 것이다. 이 간단하고 본질적인 미분 방법을 미처 발견하지 못하고, 이상한 방법으로 사인, 코사인 함수를 미분하여 학생들을 괴롭히는 현대 수학자들은 큰 실수를 하고 있다.

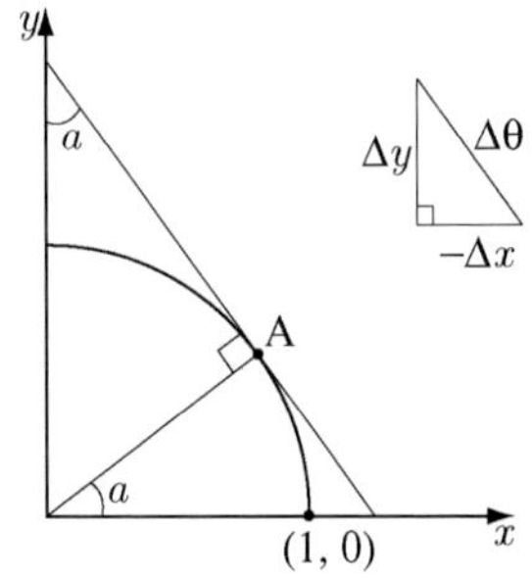

그림 1

현대 수학자들의 실수 2

삼각함수들 중에 탄젠트와 시컨트 함수는 다음과 같이 정의된다.

$$\tan\theta = \frac{\sin\theta}{\cos\theta}, \ \sec\theta = \frac{1}{\cos\theta}$$

이 함수들을 미분할 때, 거의 모든 수학책에서 분수함수를 미분하는 공식을 사용한다. 물론, 그 방법은 100% 맞는 방법이지만, 이 함수들이 변화하는 참모습을 보여 주지 못하는 단점이 있다. 사실, 미분이란 함수와 변수 사이의 변화 비율인데, 이 함수들과 변수 사이의 변화 비율을 직접적으로 보여 주는 미분 방법이 있다.

단위원에서 각 a인 지점을 점 A라 하자. 단위원의 점 $(1, 0)$을 점 B라 하자. 점 B에서 수직선을 그리고, 다음 그림과 같이 점들을 잡아라. 그러면 이때

$$\overline{BC} = \tan a \ , \ \ \overline{OC} = \sec a$$

이고,

$$\frac{\overset{\frown}{CD}}{\Delta\theta} = \sec a$$

가 된다.

그러므로

$$\tan'(a)=\lim_{\Delta\theta\to 0}\frac{\overline{CE}}{\Delta\theta}=\lim_{\Delta\theta\to 0}\frac{\overset{\frown}{CD}}{\Delta\theta}\frac{\overline{CE}}{\overset{\frown}{CD}}=\sec a\sec a\ ,$$

$$\sec'(a)=\lim_{\Delta\theta\to 0}\frac{\overline{DE}}{\Delta\theta}=\lim_{\Delta\theta\to 0}\frac{\overset{\frown}{CD}}{\Delta\theta}\frac{\overline{DE}}{\overset{\frown}{CD}}=\sec a\tan a$$

가 된다.

이렇게 본질적인 미분 방법을 미처 발견하지 못하고, 단순히 분수함수 미분법에 의존하는 현대 수학자들은 큰 실수를 하고 있다.

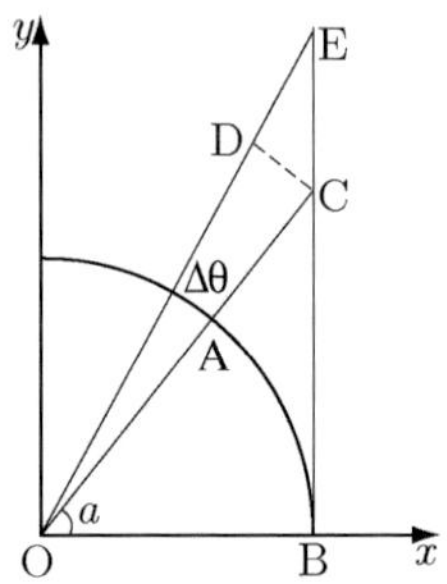

그림 2

현대수학의 3대 난문제—페르마의 대정리

페르마의 대정리Fermat's Last Theorem란 프랑스의 수학자 페르마Pierre de Fermat(1607~1665)가 제시한 문제로서, 3 이상인 자연수 n에 대하여,

$$x^n + y^n = z^n$$

을 만족하는 자연수 x, y, z가 존재하지 않는다는 것이다.

페르마는 프랑스의 법률가이자 아마추어 수학자였다. 그는 낮에는 법률가로서 활동하였고, 밤에는 촛불을 켜 놓고 수학을 연구하였다. 그가 이 문제를 제기한 것은 1637년이었다. 그는 디오판투스Diophantus(215?~299?)가 쓴 『산술학』을 공부하고 있었는데, 제곱들을 더하는 내용이 나오는 부분의 여백에다 "세제곱을 두 개의 세제곱들로 쪼개는 것은 불가능하며, 네제곱을 두 개의 네제곱들로 쪼개는 것은 불가능하다. 그리고 일반적으로, 2보다 더 큰 임의의 차수의 거듭곱을, 두 개의 같은 차수의 거듭곱들로 쪼개는 것은 불가능하다. 나는 이것을 증명하는 멋진 방법을 발견하였지만, 이 책의 여백이 너무 좁아서 적어 놓을 수 없다."라는 유명한 말을 적어 놓았다.

이 문제는 $n=2$인 경우와 대조가 된다. $n=2$인 경우는 피타고라스의 수들이라 부르며, 가장 간단한 경우인 3, 4, 5를 비롯하여, 5, 12, 13 등등 무수히 많은 자연수해가 존재한다.

페르마는 $n=4$인 경우를 실제로 증명하였으며, $n=3$ 및 $n=4$인 경우를 도전 문제로서 동료 수학자들에게 제시하였다. 그렇지만 $n=3$인 경우를 최초로 증명한 사람은 오일러Leonhard Euler(1707~1783)였다. 오일러는 1770년에 그 증명을 제시하였지만, 사실 그의 증명은 큰 결함을 지니고 있었다. 그렇지만 그 결함을 메우고 증명을 완결할 수 있는 법칙들이 오일러의 다른 연구 결과들에 들어있기 때문에, 오일러가 이것을 최초로 증명한 사람으로 인정받는다.

$n=5$인 경우는 1825년 무렵 르장드르Legendre, 디리슐레Peter Dirichlet(1805~1859)가 독립적으로 증명하였다. 프랑스의 제르망Marie Sophie Germain(1776~1831)은 일반적인 경우의 증명에 가장 크게 기여하였는데, 그녀는 여성에 대한 사회적인 편견과 배척 때문에 수학자로서의 직업을 가질 수 없었지만, 독학 및 다른 수학자들과의 교류를 통하여 페르마의 대정리 및 미분기하학 분야의 연구에 혁혁한 공헌을 하였다.

페르마의 대정리는 마침내 1995년에 프린스턴 대학의 와일즈Andrew Wiles(1953~) 교수가 증명함으로써, 358년간의 수많은 수학자들의 노력이 결실을 맺게 되었다. 와일즈는 1980년대 후반부터 이 문제를 해결할 수 있다는 확신을 갖고 매달렸다. 그는 혼자서 연구에 전념하였기 때문에, 그의 증명 방법이 세간에 알려지지 않았지만, 1990년대 초에 거의 해결했다는 소문이 돌았다.

1993년 6월의 학회에서 그가 자신의 증명 방법을 발표할 때, 수많은 수학자들이 구름처럼 몰려들었다. 와일즈는 자신만만하게 논문을 제출하였지만, 심사위원이 그의 논문에서 치명적인 결함을 발견했다. 와일즈는 자신의 제자였던 테일러Richard Taylor(1962~)에게 도움을 요청하였으며, 두 사람은 기존의 증명 방법을 버리고 다른 길을 택해서, 결국 결함을 해결하고 증명을 완결하였다.

와일즈의 증명은 현대 수학의 수많은 분야의 연구가 쌓임으로써 완성될 수 있었다. 페르마는 "이것을 증명하는 멋진 방법"을 발견하였다고 적어 놓았지만, 그가 실제로 그 증명 방법을 알았을 리는 없다.

현대수학의 3대 난문제—프왱카레의 추측

프왱카레Henry Poincaré(1854~1912)는 프랑스의 수리물리학자이다. 그가 제기한 프왱카레의 추측Poincaré Conjecture은 다음과 같이 표현할 수 있다. "단순하게 연결된, 닫힌 3차원 다양체는 사실상 3차원구 뿐이다." 여기서 '사실상'이라는 말은, 그것이 매끄러운 변환을 통해서 3차원구로 바뀔 수 있으니, 그것이 사실상 3차원구와 같다는 뜻이다. 단순하게 연결되었다는 말은, 예를 들어 공의 표면처럼, 어떤 연결된 곡선이 연속적 변환을 통해 한 점으로 바뀔 수 있음을 뜻한다. 토러스(즉, 튜브)와 같은 곡면은 연결된 곡선이 한 점으로 바뀔 수 없으니, 단순 연결이 아니다.

프왱카레가 이 추측을 제기한 것은 1904년이었다. 이것은 한동안 잊혀진 상태로 있었는데, 화이트헤드J. H. C. Whitehead (1904~1960)가 1930년대에 그 증명을 주장하면서 다시 주목을 받게 되었다. 화이트헤드의 증명은 많은 결함을 담고 있어서 철회되었지만, 그 과정에서 화이트헤드는 여러 가지 흥미로운 다양체들을 발견하였다. 그 이후 1950년대 및 1960년대에도 여러 저명한 수학자들이 증명을 주장하였지만, 그들의 증명은 모두 큰 결함이 있음이 곧 드러났다.

프왱카레의 추측을 증명하기 위한 진전은 해밀턴Richard Hamilton(1943~)이 이룩하였다. 그는 1982년부터 리치 흐름Ricci flow을 이용하여 다양체를 변환해 나가는 일련의 논문들을 발표하였으며, 그 기법을 사용하여 몇몇 특수한 경우에 프왱카레의 추측을 증명할 수 있었다.

러시아의 수학자 페렐만Grigori Perelman(1966~)은 그 기법을 발전시켜서, 결국 2003년에 프왱카레의 추측을 증명하는데 성공하였다. 페렐만은 타고난 천재 수학자이다. 그는 러시아 레닌그라드(상트 페테르부르크)에서 태어났으며, 유태인이다. 그는 1982년에 국제 수학 올림피아드에서 만점을 받았다. 그는 1990년대 초에 미국의 여러 대학에서 연구원으로 일하면서, 여러 가지 중요한 결과들을 얻었는데, 그 당시는 소련 제국이 붕괴되면서 러시아가 경제적으로 혼란을 겪던 시기였다. 미국에서 번 달러는 러시아에 가면 큰 돈이 되었다. 그는 미국 대학들의 구애를 뿌리치고, 1995년에 상트 페테르부르크로 돌아가서 연구에 전념하였다.

페렐만은 2002년부터 프왱카레의 추측을 증명하는 일련의 논문들을 인터넷에 올렸다. 해밀턴의 기법을 발전시킨 것으로서, 리치 흐름을 이용하여 특이점들을 깔끔하게 잘라버리는 수술법을 사용한 것이다. 페렐만의 논문은 약간의 빈틈이 있었지만, 그다지 큰 문제는 아니었으며, 다른 수학자들이 그 빈틈을 메우는 작업을 수행하였다. 그 검증에는 몇 년의 시간이 더 필요했지만, 페렐만이 2003년에 올린 논문으로서 프왱카레의 추측은 완전히 증명되었다.

페렐만은 2006년에 필즈Fields상 수상자로 결정되었지만, 그는 상을 거부하였다. 국제 수학 협회 회장이 직접 상트 페테르부르크로 가서 그를 만나 수상을 설득했지만, 페렐만은 단호하게 거부하였다. "증명이 옳으면 그것으로 충분한 일이며, 다른 인정을 받을 필요는 없습니다." 그의 거부 의사에도 불구하고 2006년 8월의 국제 수학 의회에서 그에게 필즈상을 제안하였지만, 페렐만은 시상식장에 나타나지 않은 것은 물론이고, 어떠한 것도 그에게 배달되는 것을 거부하였다.

프왱카레의 추측에는 백만 달러의 상금이 걸려 있었는데, 페렐만은 상금도 거부하였다. 페렐만은 상트 페테르부르크의 허름한 아파트에서 홀어머니를 모시고 살고 있다. 그는 직장이 없는 실업자 상태이며, 사회를 등지고 은둔생활을 하고 있다. 그가 도대체 무엇을 하고 있는지, 알고 있는 사람은 아무도 없다. 어쩌면 그는 리만 가설을 연구하고 있을 지도 모른다.

현대수학의 3대 난문제—리만 가설

리만 가설Riemann Hypothesis은 독일의 수학자 리만Bernhard Riemann(1826~1866)이 1859년에 제기한 문제이다. 리만은 해석학, 정수론, 미분기하학 등의 분야에 혁혁한 업적을 남겼으며, 특히 정적분의 개념을 엄밀하게 완성한 리만 적분으로 유명하다.

리만 가설은 리만 제타 함수의 값이 0이 되는 지점에 관한 것인데, 리만 제타 함수는 무한 수열의 합으로 정의되는 함수이다. 리만 제타 함수는 $-2, -4, -6, \cdots$ 등등 음의 짝수점에서는 함수값이 0이 됨이 간단하게 나온다. 리만 가설은 이들 이외에 함수값이 0이 되는 지점은 실수부분이 $\frac{1}{2}$인 직선상에 한정되어 있음을 주장하고 있다. "모든 근들이 여기 있음이 거의 확실해 보인다. 물론, 그것을 지금 엄밀하게 증명할 수 있으면 좋을 것이다. 약간의 시도를 해 보았지만 실패했으며, 당분간 이것의 연구는 옆으로 밀쳐두고 싶다. 나의 그 다음 단계의 연구에는 지장이 없을 것 같다."

리만 가설은 홀수prime number의 분포와 밀접한 관계가 있다. 홀수 분포 정리에 따라서, 아주 큰 자연수에 대하여, 그 이하인 홀수들의 개수가 어느 정도인지 대략 알 수 있다. 그런데 홀수 분포 정리의 오차항(즉, 홀수들이 얼마나 불규칙하게 등장할 수 있는가를 나타내는 항)은 리만 제타 함수의 0이 되는 점들과 밀접한 관련이 있다. 그러므로 리만 가설이 성립하면, 홀수 분포 정리의 오차항이 어느 정도 제약된다는 의미이며, 이는 홀수들의 분포에 대해 더욱 정확하게 알 수 있게 된다는 의미이다.

최근에 미국 퍼듀 대학교의 드브랑지Louis de Branges(1932~) 교수가 리만 가설을 증명하였다고 주장하고 있다. 드브랑지는 프랑스계 미국인으로서, 비버바흐Bieberbach의 추측을 증명하여 명성을 얻은 바 있다. (드브랑지가 비버바흐의 추측을 증명하였을 때, 수학계에서 처음에는 그의 주장을 무시하였다.) 드브랑지의 주장은 인터넷 상거래 업체들에게 큰 충격을 주었다. 인터넷 상거래에서 가장 중요한 것은 암호화 및 보안이며, 그 핵심 기술은 홀수들의 곱을 사용하는 공개 열쇠 암호 방식이다. 그런데 리만 가설이 성립함이 증명되면, 홀수들의 분포가 좀더 정확하게 알려져서, 그 열쇠가 공격받을 가능성이 있기 때문이다.

물론, 드브랑지의 증명은 인정받지 못하고 있다. 리만 가설에도 백만 달러의 상금이 걸려 있는데, 이 상금을 받은 사람은 없다. 퍼듀 대학교에서 드브랑지의 지도 하에 박사학위를 받은 중국인 수학자 리지안진Xian-Jin Li의 논문이 스승의 증명 방향에 제동을 걸고 있었다. (리지안진은 1980년대 후반 퍼듀 대학교로 유학 올 당시부터, 리만 가설을 증명하겠다는 야망을 지니고 있었다. 그는 드브랑지의 지도 하에 리만 가설을 연구하면서, 리만 가설과 동등한 '리의 기준'을 발견한 바 있으며, 리지안진 자신도 리만 가설을 증명하였다고 주장하고 있다.)

사실, 인터넷 상거래 업체들의 호들갑은 지나친 기우이다. 리만 가설 자체는 이미 150여 년 이전에 나온 것이며, 그것이 성립한다는 가정 하에, 그에 따른 결과들도 모두 다 알려져 있는 상태이다. 그러니 그것이 증명된다고 해서, 새삼스레 달라질 것은 거의 없다.

리만 가설이 증명되는 것 자체보다도, 더욱 중요한 것은 그것이 어떻게 증명되느냐이다. 즉, 그 증명 과정에서 등장하는 어떤 기법들이, 홑수들의 분포 및 인수분해에 어떤 돌파구를 제공해 줄 수 있는지 여부가 더욱 중요하다. 만약에 홑수들의 분포에 어떤 '제약적 규칙'이 발견된다면, 인터넷 정보보호는 심각한 위기를 맞을 수도 있을 것이다. 리만 가설은 현재 미해결 상태인 가장 중요한 수학 문제이며, 인류의 미래의 삶의 모습이 그 증명 과정에 걸려 있다.

상온 핵융합의 대소동

1989년에 과학계가 발칵 뒤집어지는 소동이 일어났다. 미국 유타 대학교의 폰스Stanley Pons(1943~), 영국 사우스햄턴 대학교의 플레이슈만Martin Fleischmann(1927~2012)이 상온 상태에서 실험을 하다가 핵융합이 (뜻하지 않게) 일어났음을 발표하였기 때문이다. 이들은 전기화학 분야의 권위자들이며, 팔라듐 전극을 사용하여 중수heavy water를 전기분해하는 실험을 하고 있었다.

그런데 그 전기분해 장치에서 과학적으로 도저히 설명할 수 없는 열이 발생하였으며, 이들은 그 열이 수소 핵융합 때문이라고 결론을 내렸다. 게다가 이들은 중성자와 삼중수소를 검출하였다고 발표하였다. (중수소 원자핵 두 개가 핵융합하면, 삼중수소 원자핵이 되며 양성자를 방출하거나, 또는 헬륨3이 되며 중성자를 방출한다.) 중성자와 삼중수소는 원자핵 융합의 결정적인 증거이다. 과학계는 상온의 실험실에서 구현된 '인공 태양'에 흥분하였다.

수소의 핵융합은 엄청난 에너지를 방출한다. 그런데 원자핵들은 양전기를 지니기 때문에, 서로 가까이 접근하면 강한 척력(밀어내는 힘)이 작용하며, 이 척력을 극복하고 원자핵들이 서로 융합하려면, 초고온, 초고압의 환경이 필요하다. 자연계에서 이러한 초고온, 초고압 상태는 태양과 같은 항성들의 중심부에서 구현되며, 수소 핵융합은 태양을 비롯한 모든 항성들의 에너지의 근원이다. 인위적으로 이러한 초고온, 초고압 상태를 만들 수 있는 방법은 원자폭탄이 유일하다. 그렇기 때문에 원자폭탄은 수소폭탄의 기폭제로 사용되는 것이다.

우라늄 원자의 핵분열 에너지를 이용하는 원자력 발전은 세계 여러 나라에서 사용되고 있다. 그러나 수소 핵융합 에너지를 (발전 또는 기타 방법으로) 이용하는 방법은 연구에 전혀 진전이 없는 상태였다. 초고온, 초고압을 어떻게 구현할 수 있을지도 문제이고, 그러한 초고온, 초고압을 어떻게 가두어 둘 수 있을지도 난문제이고, 설령 그것들이 가능하다 하더라도, 그 에너지를 어떻게 끌어 내 사용할 수 있는가 하는 것도 난문제이다.

1989년 3월에 있었던 폰스, 플레이슈만의 기자 회견은 이 모든 장애물들을 단숨에 극복해 버렸음을 밝히는 승리 선언이었다. 에너지 부족은 인류가 직면한 가장 큰 문제이다. 중동에서 수입하는 원유는 불안정한 중동 정세 때문에 언제든지 문제가 생길 수 있으며, 그 가격은 계속 올라가기만 한다. 게다가 석유 및 석탄의 소비는 지구 온난화라는 심각한 부작용을 낳고 있다. 그런데 상온 핵융합이 실현되면, 이 모든 문제들이 말끔히 해결되며, 인류는 청정 에너지를 무한정으로 사용할 수 있다. "우리들의 이 발견은 열과 전기를 생산하는 기술로서 비교적 쉽게 구현될 수 있을 것이지만, 좀더 연구가 필요하다. 첫째, 그 과학적 원리를 밝혀야 하고, 둘째, 에너지로서 그 경제적 값어치를 계산해야 한다."

이들 두 사람은 수소 핵융합이 일어나는 과정을 설명하지는 못했으며, 팔라듐 전극에서 순간적으로 초고압 현상이 일어나 수소 원자핵들이 융합하는 것으로 추정하였다. 그러나 다른 과학자들이 이들의 실험을 재현해 보았지만, 이들이 주장한 설명할 수 없는 열은 발생하지 않았다. 이들이 연구 결과를 논문으로 제출하지 않고 언론에 대대적으로 발표한 방식도 비판을 받았다. 그 후 이들 두 사람의 실험 과정에서 온도 측정에 심각한 문제가 있었음이 밝혀지고, 중성자와 삼중수소가 실제로 검출되지 않았음이 밝혀지면서, 과학계에서 상온 핵융합은 순식간에 나락으로 추락하였다.

폰스, 플레이슈만의 실험 장치에서 도대체 어떤 현상이 일어났는가 하는 것은 아직까지도 밝혀지지 않고 있다. 이 두 사람이 작정하고 데이터를 조작한 것은 절대 아니며, 선의의 결과와 해석을 하였다고 과학계는 믿고 있다. 이 두 사람의 중요한 업적이라면, 상온 핵융합에 관심을 불러일으킨 것이다. 모두들 절대 불가능하다며 아예 검토조차 하지 않던 분야에, 어쩌면 가능할 지도 모른다는 연구 동기를 부여해 준 것이다.

허블 우주망원경의 실수

허블 우주망원경은 미국 항공우주국에서 제작, 1990년 4월에 발사, 현재까지 사용 중인 망원경이다. 허블 우주망원경의 전체 질량은 약 11.1톤이며, 주반사경의 지름은 2.4미터이며, 약 560km 상공에서 공전하고 있다.

지표면이 아닌 우주 공간에 설치된 망원경은 많은 장점이 있다. 대기권에서의 굴절 및 산란에 따른 빛의 왜곡이 없으니, 수십 배 이상의 선명한 관측이 가능하며, 날씨에도 전혀 영향을 받지 않는다. 적외선, 자외선 등등 대기권에서 흡수되는 파장의 광선도 관측이 가능하다. 그렇기 때문에 천문학자들은 허블 우주망원경의 발사를 손꼽아 기다렸으며, 우주 탄생 및 진화의 비밀을 밝힐 단서를 찾아 줄 것으로 기대하였다.

그러나 허블이 우주왕복선에 실려 발사되고 나서, 첫 번째 사진이 전송되어 왔을 때, 항공우주국은 큰 충격을 받았다. 기대했던 선명한 사진이 아니라, 초점이 맞지 않아 흐릿한 사진이 전송된 것이다. 항공우주국은 망원경의 초점을 맞추기 위해 여러 가지 시도를 해 보았으나, 마침내 절망적인 결론을 내리고 말았다. 주반사경이 잘못 제작되었으며, 그것을 수리할 방법은 없다. 전세계 천문학자들은 엄청난 절망감을 느꼈다.

항공우주국은 곧 진상 조사에 착수하였다. 주반사경은 포물선을 회전시킨 포물면 모양으로 제작해야 하며, 백만 분의 일 센티미터의 정밀도로 제작하도록 계획되었다. 주반사경은 민간 회사에서 제작하였는데, 실제로 백만 분의 일 센티미터의 정밀도로 제작되었다. 다만, 애초부터 엉뚱한 곡선을 기준으로 제작하였으며, 그 엉뚱한 곡선을 기준으로 검사를 하였던 것이다. 수십 억 달러를 들인 초대형 계획을 추진하면서, 가장 중요한 부품인 주반사경을 제대로 검사하지 않았다는 사실에, 사람들은 경악하였다.

진상이 밝혀지고 나자, 항공우주국은 대책을 강구하였다. 주반사경을 수리하는 것은 불가능하였다. 예비로 제작된 주반사경을 우주로 보내서 교체하는 것도 불가능했다. (우주 공간에서 몇몇 우주인들이 수행하기에는, 너무 어렵고 힘든 작업이었다.) 허블을 다시 지구로 귀환시킨 후, 주반사경 교체, 다시 발사를 검토했지만, 비용 및 우주왕복선의 기타 일정 때문에 불가능했다.

오랜 검토 끝에, 마침내 항공우주국은 유일하게 가능한 해법을 찾아냈다. 주반사경이 엉뚱한 곡선을 따라 제작되어 구면수차가 생기는 것이니, 그 반사된 빛을 받아들이는 (사진 촬영 및 기타 관측 기구용) 렌즈를 그에 맞춰 제작해 주는 방법이었다. 즉, 주반사경이 플러스 오차를 낳는다면, 그에 맞춰 정확하게 마이너스 오차를 가지도록 렌즈를 제작해 주면, 두 오차가 상쇄되어서, 원래 의도한 선명한 사진이 맺혀지는 것이다. 주반사경이 매우 정밀하게 제작되었고, 그 기준이 된 엉뚱한 곡선도 정확하게 밝혀졌기 때문에 가능한 해법이었다.

항공우주국은 여러 가지 관측 기구들과 렌즈들을 새로이 제작하였다. 1993년에 우주왕복선이 그것들을 싣고 올라가서, 오랜 시간에 걸친 힘든 교체 작업을 완료하였다. 마침내 허블 우주망원경은 원래 설계한 만큼의 성능을 발휘하기 시작했다. 항공우주국은 안도의 한숨을 내쉬었으며, 전세계 천문학자들은 환호하였다.

허블 우주망원경은 미국 항공우주국의 어처구니없는 실수와 그 실수를 극복하는 대응 능력을 동시에 보여 주고 있다. 현재 미국을 비롯한 수십 개 국가가 협력하여서, 차세대 우주망원경을 제작하고 있다. 차세대 우주망원경의 주반사경은 18개의 정육각형들의 결합으로, 지름 약 6.5미터이며, 지구에서 150만 킬로미터 떨어진, 지구·태양의 라그랑주 지점에 설치될 계획이며, 2018년 무렵 발사할 예정이다. 아마 이 주반사경은 여러 기관에서 여러 번에 걸쳐 정밀하게 검사를 할 것으로 예상된다.

초신성의 폭발에 살아남은 행성

린Andrew Geoffrey Lyne(1942~)은 영국의 물리천문학자로서, 맨체스터 대학교에서 교수로 재직하였다. 베일스Matthew Bailes는 호주의 물리천문학자로서, 스윈번 대학교에 재직하고 있다. 이들 두 사람은 1991년에 전세계 천문학자들을 경악케 한 대발견을 발표하였다. 행성을 거느린 펄서를 발견한 것이다.

펄서란 초신성의 폭발을 거친 이후 중성자별이 된 것으로서, 엄청나게 빨리 자전하면서 일정한 주기로 전파를 발사하는 천체이다. 초신성의 폭발이란 항성의 일생의 마지막 단계에서, 중력에 의한 붕괴를 한 이후, 엄청난 양의 핵융합이 일어나면서 대폭발을 하는 것이다. 초신성은 어느 한 은하계 수십 억 개의 항성들을 모두 합한 것보다 더 밝은 빛을 낼 정도로 엄청난 에너지를 분출한다. 만약에 태양이 초신성의 폭발을 한다면, 지구는 물론이고 명왕성조차 흔적도 없이 날아가 버릴 것이다.

이들 두 사람은 지구에서 약 3만 광년 거리에 있는 펄서에서 행성을 발견하였다고 발표하였다. (이들도 자신들의 관측 결과를 도저히 믿을 수 없었지만, 실수가 있을 만한 모든 가능성들을 검토하고 난 이후, 자신들이 내린 결론을 믿고 발표하였다.) 물론, 행성을 직접 관측한 것은 아니고, 펄서가 내뿜는 전파가 (행성에 의해서) 방해받는 현상을 관측한 것이다. 이들은 행성의 주기가 6개월이라고 계산하였다. 1991년 당시에는 외계 행성이 전혀 발견되지 않은 상태였다. 그러니 이들 두 사람은 최초로 외계 행성을 발견하였다는 영예를 얻게 되었다.

그러나 1992년 1월에 미국 아틀란타에서 열린 미국 천문학회 모임에서, 린은 자신들의 주장을 철회하였다. 이들이 한 가지 간과한 사실이 있었는데, 지구가 태양의 둘레를 공전하는 궤도가 완벽한 원형이 아니라 타원이라는 것이었다. 지구의 타원궤도를 도입하여 다시 계산을 해 보니, 펄서의 전파가 달라지는 현상이 설명되었다. 즉, 행성이 그 전파를 방해하는 것이 아니었다. 린이 자신의 실수를 솔직하게 시인하자, 수백 명의 천문학자들은 그에게 기립박수를 보내며 학자적 양심을 칭찬하였다.

그 후 2003년에 린이 이끄는 팀은 두 개의 중성자별 펄서들로 구성된 쌍성 체계를 최초로 발견하였다. 이것은 매우 희귀한 발견으로서, 현재까지도 쌍성 펄서가 발견된 것은 이것이 유일하다. 이것은 아인슈타인의 일반 상대성 이론 및 중력파동 이론을 관측하고 실험할 수 있는 좋은 환경으로서, 물리학자들과 천문학자들은 환상적인 자연 실험실의 발견에 열광하였다.

베일스는 2011년 8월에 지구의 약 5배 크기인 다이아몬드 행성을 발견하였다고 발표하여 인터넷을 뜨겁게 달구었다. 그 행성의 주성분은 탄소 및 산소였으며, 밀도가 약 18로서, 고온, 고압에 의해서 탄소가 다이아몬드 결정을 이루고 있다고 추정되었다. 그 행성은 펄서의 약 60만 킬로미터 거리에서 공전하는 것으로서, 그 공전 궤도가 태양 속에 완전히 들어갈 정도이다.

"펄서의 매우 가까이에는 행성이 존재할 수 없지 않은가? 초신성의 폭발로 모두 날아가 버리지 않았는가?"라는 의문이 생기는데, 그 행성은 원래 백색왜성이었다. 즉, 큰 항성과 백색왜성이 쌍성 체계를 이루고 있다가, 큰 항성은 초신성의 폭발을 거쳐 중성자별이 되어 전파를 내뿜는 펄서가 되었고, 백색왜성은 그 폭발의 충격에 외곽 부분이 모두 다 날아가 버리고, 탄소와 산소가 주성분이 핵만이 남아 있게 된 것이다. 그 출생의 비밀 때문에, 다이아몬드 행성에 생명체가 존재할 리는 절대 없다. 그렇지만 거대 다이아몬드 행성이란 여자들의 마음을 설레게 만든 놀라운 발견이었다.

사라져 버린 화성행 우주선

미국 항공우주국은 1992년 9월 25일에 우주선 '화성 관찰자Mars Observer'를 발사하였다. 이 우주선의 무게는 1,018kg으로서, 그 임무는 화성의 표면, 대기, 기후, 자기장을 조사하는 것이었다. 이 우주선은 화성을 향해 순항하고 있었으나, 화성 궤도 진입을 위한 기동에 들어가기 사흘 전인 1993년 8월 21일에 갑자기 연락이 끊어졌다. 항공우주국은 이 우주선과의 교신을 위해 여러 차례 시도를 하였으나, 모든 시도는 실패로 끝났으며, 우주선은 영원한 우주 미아가 되어버렸다.

그 원인은 정확하게 밝혀지지는 않았지만, 항공우주국과 독립적으로 조사를 수행한 해군 연구 실험실에서는 우주선 추진체의 연료가 압력을 견디지 못해 분출된 것으로 추정하였다. 그 연료는 지구 둘레를 도는 인공위성들이 흔히 사용하는 것이었지만, 화성행 우주선은 거의 1년 가까이 그것을 사용하지 않은 상태로 연료탱크에 담아 두어야 했으며, 그렇게 오랜 시간이 흐르면 압력이 증가해 문제가 생기는 것으로 추정하였다.

화성 관찰자는 화성으로 가는 여행 궤도에 대해 약간의 정보를 제공해 주었을 뿐, 수억 달러의 예산이 들어간 화성 연구 계획은 사실상 물거품이 된 것이다. 화성 관찰자가 수행하려던 임무는 그 후 서너 개의 탐사 우주선으로 나누어서 수행하도록 계획이 변경되었다.

미국 항공우주국은 1998년 12월 11일에 '화성 기후 궤도선Mars Climate Orbiter'을 발사하였다. 이 우주선의 무게는 338kg으로서, 그 임무는 화성의 기후 관찰 및 화성 착륙 우주선의 (지구와의) 교신을 중계해 주는 것이었다. 화성 관찰자가 실패로 끝남에 따라서, 그 임무의 약 1/3 가량을 나누어 받은 것이다.

화성 기후 궤도선의 발사 및 여행은 순조로웠지만, 1999년 9월 23일에 화성 궤도 진입 기동이 시작된 이후 문제가 생겼다. 궤도선은 예정보다 49초 빨리 화성의 뒤쪽으로 들어가 연락이 단절되었으며, 그 후 영영 연결이 되지 않았다. 6억 5천만 달러가 넘는 비용을 들여서, 또 다시 우주 미아를 낳아 버린 것이다.

진상 조사 위원회는 1999년 11월에 1차 조사 결과를 발표하였다. 그 조사 결과에 따르면, 9월 23일의 궤도 진입 기동 당시 궤도선은 계획보다 훨씬 낮은 고도에 놓여 있었다. 원래 계획에 따르면, 그 때 궤도선은 고도 226km 상공에 놓여 있어야 하는데, 최종적인 계산 결과 그 때 고도는 57km로서, 비정상적으로 낮았던 것으로 드러났다. 그렇게 낮은 고도에서는, 진입 기동에 따른 충격을 견디어 낼 수 없었다. 즉, 궤도선은 파괴되어 화성에 추락하였을 것으로 추정되었다.

궤도선의 고도가 이렇게 달라진 원인은, 로켓의 추력에 관한 단위의 혼동 때문인 것으로 드러났다. 즉, 궤도선의 컴퓨터는 힘의 단위로서 미터법의 뉴턴을 사용하고 있었는데, 지상 통제 센터의 컴퓨터는 힘의 단위로서 파운드를 사용하고 있었다. 그러니 지상 통제 센터에서 계산한 로켓의 작동과, 실제 궤도선에서의 작동이 크게 달랐으며, 그 결과로 궤도선은 엉뚱한 위치에 놓여 있었던 것이다.

이 어처구니없는 실수에 대해서, 항공우주국 내부에서도 자성의 목소리가 높았다. "사람은 누구난 실수를 할 수 있다. 그러나 여기 이 문제는 실수가 아니다. 실수를 찾아내고 고쳐야 하는, 항공우주국의 기술 체계의 실패이다. 그 때문에 우리는 우주선을 잃어버린 것이다." 6억 5천만 달러가 넘는 비용을 들여서, 화성의 사진 단 한 장과, 도량형을 통일해야 한다는 값비싼 교훈을 얻은 것이다. 그 후 미국 항공우주국은 모든 도량형을 미터법 단위로 통일해서 사용하고 있다.

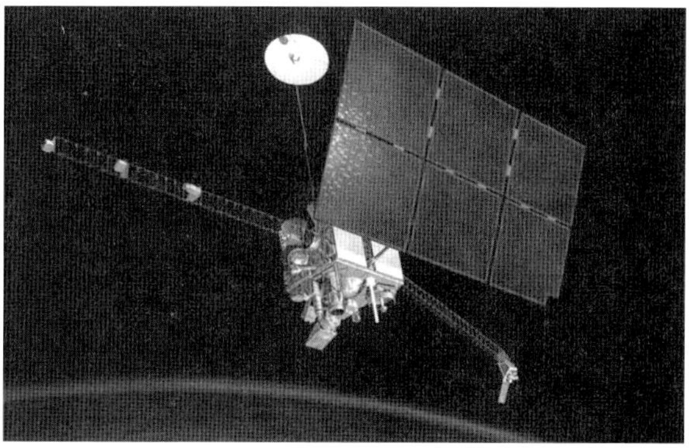

비소를 품은 생명체

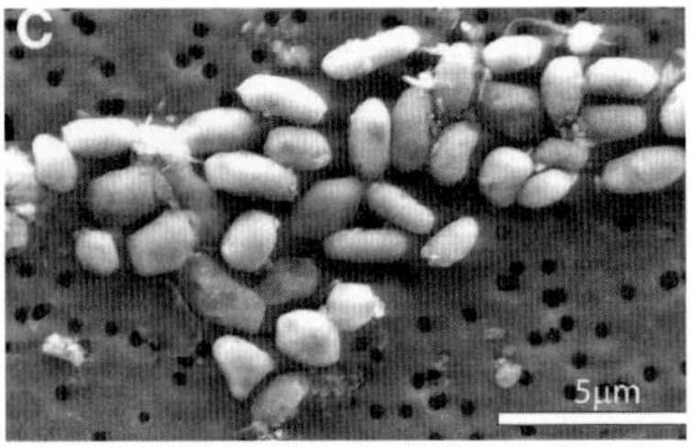

2010년 11월말, 미국 항공우주국은 외계생명체의 연구와 관련된 중요한 기자회견을 12월 2일에 열겠다고 발표하였다. "나사는 외계생명체의 증거의 연구에 영향을 끼칠 천체생물학 분야의 발견을 논의할 것이다. 천체생물학이란 우주에서의 생명체의 기원, 진화, 분포, 미래를 연구하는 학문이다." 항공우주국이 외계생명체와 관련이 있는 기자회견을 예고한 것은 매우 이례적인 일이었으며, 인터넷에서는 화성에서 생명체의 증거가 발견되었다는 추론이 난무하였다.

그러나 막상 2010년 12월 2일의 기자회견에서 발표한 내용은, 외계생명체의 존재 증거와는 전혀 관계가 없었으며, 캘리포니아 모노 호수에서 발견된 특수한 박테리아가 그 DNA와 단백질을 구성하는 데 비소를 사용한다는 내용이었다. 모노 호수는 캘리포니아 중부의 사막 지대에 있는 호수로서, 강한 알칼리성과 진한 염분에도 불구하고 새우를 비롯한 많은 생명체들이 번성하는 것으로 유명하다. 항공우주국의 발표에 인터넷의 여론은 크게 실망하였지만, 그것은

(사실이라면) 생물학적으로 중대한 발견이었다.

비소는 원자번호 33번인 원소로서, 그 화합물은 매우 강한 독성을 지닌다. 아주 옛날부터 독약으로 사용된 '비상'이 바로 산화비소이다. 원자번호 15번인 인은 비소와 화학적 성질이 어느 정도 유사하다. 그렇지만 인이 생명체의 단백질 및 DNA 구성에 필수적인 원소인 반면에, 비소는 생명체들에 독극물로서 작용한다. 그런데 항공우주국의 연구비 지원을 받은 울프사이먼Felisa Wolfe-Simon의 연구팀이 모노 호수에서 발견한 박테리아가, 단백질 및 DNA 구성에 인 대신에 비소를 사용한다고 발표한 것이다. (모노 호수에는 비소가 많이 함유되어 있다.)

지구상의 모든 생명체의 DNA는 동일한 구조로 되어 있다. 그러니 DNA의 구성 성분이 다른 생명체의 발견은 놀라운 일이며, 게다가 인 대신에 독극물인 비소로 구성되어 있다는 것은 더욱 놀라운 일이었다. 그것은 외계의 극한적인 환경에 우리 지구에서의 생명체와 완전히 다른 어떤 생명체가 존재할 가능성이 있음을 증명하는 것이기도 했다.

그러나 울프사이먼의 연구는 곧 심각한 비판을 받기 시작했다. 그 박테리아의 DNA에 비소가 포함되어 있다는 명확한 증거가 없었으며, 그녀가 이끄는 팀이 대조실험을 제대로 하지 않았고, 데이터를 잘못 해석하였다는 비난이 쏟아졌다. 그녀와 동료 연구자들, 그리고 항공우주국은 그러한 비판들에 일일이 응대하였지만, 곧 한계에 이르렀다. 그리고 미국 프린스턴 대학교와 캐나다 브리티쉬 컬럼비아 대학교는 (독립적으로) 그녀의 연구 결과에 정반대가 되는 연구 결과들을 발표하였다.

그녀의 연구 결과에서 가장 큰 문제점은, 불순물들을 엄격하게 제어하지 않은 것이었다. 즉, 그녀의 팀은 박테리아를 배양하면서, 배양액의 비소를 먹고 자란다고 주장하였지만, 그 속에는 극미량의 인이 (불순물로서) 녹아 있었던 것이다. 프린스턴 대학교와 브리티쉬 컬럼비아 대학교의 연구팀은 극소량의 인을 공급해 주면서, 그 박테리아가 인의 양에 비례해서 성장함을 증명하는데 성공하였다. 그리고 여러 가지 기술을 사용하여 그 박테리아의 DNA에 포함된 비소의 양을 조사해 보았지만, 비소를 검출하는데 실패하였다.

즉, 그 박테리아는 지구상의 다른 모든 생명체와 마찬가지로 인으로서 DNA를 구성하고 있었다. 비소가 인을 대신하고 있다는 주장은 모노 호수가 비소를 함유하고 있는 데에서 생긴 선입견이었으며, 극미량의 인의 불순물을 감지하지 못한 실험의 실패였다.

울프사이먼과 항공우주국은 지금도 그 연구 결과가 옳다고 주장하고 있다. 그렇지만 비소를 품은 생명체에 대한 과학계의 일반적인 평가는, 상온핵융합에 대한 평가와 비슷하다고 할 수 있다.

후쿠시마의 비극

2011년 3월 11일 오후 2시 46분에, 일본 북동부 지역에 규모 9.0의 초강력 지진이 일어났다. 그 진앙지는 육지에서 약 70km 떨어진 바다의, 깊이 약 30km인 지점이었다. 규모 9.0의 지진은 1900년 이후 전세계에서 다섯 번째로 강력한 지진이며, 일본에서 일어난 가장 강력한 지진이었다.

이 지진은 초강력 해일을 불러일으켰다. 최고 높이 40m에 이르는 해일이 일본 북동부 해안을 강타하였다. 선박, 건물, 자동차들이 바닷물에 휩쓸려 둥둥 떠다니는 믿기 어려운 광경에 전세계 사람들이 경악하였다. 도호쿠 대지진이라 부르는 이 지진, 해일에 의하여 약 19,000명이 사망 또는 실종되었다.

그러나 전세계를 더욱 경악으로 몰아넣은 사건은 그 다음에 일어났다. 후쿠시마 제1 원자력발전소의 1호기가 3월 12일에 수소폭발을 하였으며, 연달아 3호기가 3월 14일에, 2호기가 3월 15일에 수소폭발을 하였다. 원자로 3개가 모두 핵연료봉들이 녹아내리는 멜트다운meltdown 사고를 일으킨 것이다. 그 당시 4호기는 운행 정지 상태여서 멜트다운을 피할 수 있었지만, 수소폭발의 충격으로 건물의 벽들이 모두 무너지면서, 1500여 개의 핵연료봉 다발들이 들어 있는 4호기 건물의 저장수조가 외부로 노출되어 버렸다.

11일 오후의 강력한 지진으로, 원자로들은 자동 정지 상태에 들어갔다. 그러나 원자로는 정지 상태에 들어가더라도 며칠 동안 강한 열을 내뿜으며, 그 열을 식히려면 냉각 장치가 계속 정상적으로 작동하여야 한다. 그러나 지진에 이어 높이 15m의 해일이 후쿠시마 제1 원자력발전소를 덮쳤으며, 비상용 발전기들이 물에 잠겨서 작동하지 않게 된 것이다. 그리고 외부로부터의 전력 공급선은 지진에 의해서 끊어진 상태였다.

냉각수의 공급이 중단되자, 원자로의 온도는 치솟기 시작하였다. 그 상황에서, 원자로의 멜트다운을 피할 수 있는 유일한 해결책은 바닷물을 냉각수로 사용하는 것이었다. 그러나 바닷물을 원자로 속으로 퍼부으면, 그 원자로는 다시는 사용할 수 없게 된다. 엄청난 경제적 손실 때문에, 경영진이 결단을 내리지 못하고 망설이는 동안, 원자로는 이미 손쓸 수 없을 정도로 온도가 치솟았다. 고온, 고압의 원자로 속에서 핵연료봉의 피복 금속과 물이 화학 반응하여 엄청난 양의 수소 가스가 생겨났으며, 수소폭발이 일어났을 때는 더 이상 수습할 방도가 없었다. 도쿄전력과 일본 정부는 그 후 바닷물을 퍼부었지만, 이미 모든 것이 끝난 상황이었다.

3개의 원자로들과 1500여 개의 핵연료봉 다발들은 엄청난 양의 방사능을 내뿜었으며, 방사능은 일본의 북동부 지역은 물론이고 도쿄 및 수도권에도 쏟아지기 시작하였다. 일본 정부와 도쿄전력은 대책 없이 갈팡질팡하였으며, 전세계는 그 방사능이 언제 날아올지 몰라 불안에 떨어야 했다.

지금 현재, 후쿠시마 제1 원자력발전소의 정확한 상태는 알려지지 않고 있다. 원자로 1호기, 2호기, 3호기는 멜트다운 상황이지만, 핵연료들이 녹아 뒤엉킨 덩어리가 원자로 내부에 있는지, 아니면 원자로 밑부분을 녹이고 아래로 내려갔는지 여부는 확인되지 않고 있다. 4호기 건물의 핵연료봉 보관 저장수조에 담겨 있는 1500여 개의 핵연료봉 다발들을 언제부터 회수할 수 있을지, 명확한 작업 일정이 잡혀 있지 않은 상태이다. 후쿠시마 제1 원자력발전소를 장기적으로, 과연 어떤 형태로 수습할지 여부도 알려지지 않고 있다.

일본 정부와 도쿄전력의 위기 대응 실패는 후쿠시마의 비극을 낳았다. 그러나 더욱 근원적인 잘못은, 미국과 일본의 쟁쟁한 핵물리학자들과 과학기술자들이, 초대형 지진·해일이 잦은 일본 북동부 지역에 원자력 발전소를 건설하기로 결정한 일인 것이다. 물론, 그들은 나름대로 초대형 지진·해일의 정도를 예상하고, 그에 견디어 낼 수 있도록 설계, 건설하였지만, 자연의 위력은 그들이 설정해 놓은 한계를 훌쩍 뛰어넘는 것이었다.

빛보다 더 빠른 입자

2011년 9월 22일, 전세계 물리학자들을 깜짝 놀라게 만든 뉴스가 전해졌다. 스위스 제네바에 본부를 두고 있는 유럽 원자핵연구 기관(CERN)에서 소립자 뉴트리노가 빛보다 더 빨리 움직이는 것을 관찰했다고 발표한 것이다. 제네바의 실험실에서 730km 떨어진 이탈리아의 실험실로 뉴트리노를 보내고 측정한 결과, 빛의 속력의 약 1.000025배 속력으로 움직이는 것이 관측되었다는 것이다.

"이것은 뜻밖의 놀라운 결과이다. 우리는 뉴트리노의 속력을 측정하려 하였지만, 뭔가 특별한 일이 일어나리라고는 예상하지 않았다." 그 연구 팀의 대변인인 에레디타토Antonio Ereditato는 말했다. "우리 팀의 과학자들은 거의 6개월 동안 모든 것들을 확인 또 확인, 실험 또 실험, 조절하고 또 확인하고 나서 이 결과를 발표하는 것이다."

아인슈타인의 상대성 이론에 따르면, 진공 속에서의 빛속도는 (질량이 있는) 모든 입자들에게 절대 넘어설 수 없고 다다를 수 없는 어떤 한계를 설정해 준다. 입자의 속력이 빛의 속력에 가까워지면 가까워질수록, 그 질량이 한없이 증가하기 때문이다. 뉴트리노는 소립자들 중에서도 매우 가벼운 소립자이며, 오랫동안 뉴트리노는 질량이 0인 것으로 추정되었다. 그러나 뉴트리노도 질량을 가짐이 몇 년 전에 밝혀졌다. 그러니 뉴트리노도 빛속도에 이를 수는 없다. (빛 자신은 질량이 0이다. 그러니 빛은 빛속도에 이를 수 있다.)

예를 들어, 자동차 A와 자동차 B가 시속 100km의 속력으로 (서로 반대 방향으로) 달려서 충돌한다고 하자. 그러면 이들은 상대 속력 시속 200km로 충돌한 것이다. 즉, 자동차 A가 가만히 서 있고, 자동차 B가 시속 200km로 달려서 충돌한 것과 완전히 같은 일이다.

그러나 물체의 속력이 빛속도에 접근하면, 이렇게 단순한 덧셈으로 상대 속력이 주어지지 않는다. 예를 들어, 소립자 A가 빛속도의 0.9배, 소립자 B가 빛속도의 0.9배로, 서로 반대 방향으로 움직인다고 하자. 그러면 이들의 상대 속력은 빛속도의 1.8배가 아니라 약 0.99배가 된다. 만약 이들이 각각 빛속도의 0.99배로 반대 방향으로 움직인다면, 이들의 상대 속력은 빛속도의 약 0.9999배가 된다. 즉, 우주 전체의 모든 에너지를 다 사용한다 하더라도, 질량이 양수인 입자가 (설령 그것이 뉴트리노처럼 매우 가벼운 소립자라 하더라도) 빛속도에 이르도록 만들 수는 없다.

흥미롭게도, 초신성의 폭발을 관측하면, 빛보다 뉴트리노가 먼저 도달함을 관측할 수 있다. 그러나 이것은 물리학 법칙에 전혀 어긋나지 않는다. 뉴트리노의 속력은 빛속도보다 약간 느리지만, 뉴트리노는 초신성의 속에서 물질들과 거의 반응하지 않고, 바로 전달되어 온다. 반면에 빛은 초신성의 속에서 무수히 많이 반사되어서, 그 바깥으로 나오기까지 상당한 시간이 걸리며, 그 때문에 뉴트리노보다 오히려 늦게 도착할 수 있다.

뉴트리노가 빛보다 더 빨리 움직였다는 세른의 발표에 대해서, 물리학계는 경악하였다. 세른의 관측이 맞다면, 현대 물리학이 모두 다 무너져버리기 때문이었다. 물론, 대부분의 물리학자들은 세른의 관측에 문제가 있을 것으로 추정하였다. 아인슈타인의 상대성이론은 이미 수많은 검증을 거친, 믿을 수 있는 이론이었기 때문이다. 세른 내부에서도 그 엄청난 결과에 대해서 회의적인 과학자들이 많았다.

2012년 3월에 세른은 기존의 연구 팀과 다른 팀을 구성하여서, 그 결과를 재실험하도록 하였다. 새로운 팀이 내린 결론은, 이전의 실험에서 GPS 동기화 케이블을 잘못 연결하여서, 엉뚱한 결과가 나왔다는 것이었다. 뉴트리노는 (관측 오차 범위 내에서) 빛속도와 같이 움직이고 있었다. 이 소동은 결국 에레디타토가 사표를 쓰는 것으로 막을 내렸다.

부록

삼각함수의 미분

사인(sine), 코사인(cosine) 함수의 미분은 다음과 같이 구할 수 있다. 단위원의 점 $(1, 0)$에서 출발하여, 변수 θ가 단위원을 따라 움직인 길이를 바로 자기 자신 θ로 나타내자. 이 때 $y = \sin\theta$, $x = \cos\theta$이다. 단위원에서 각 a인 지점을 점 A라 하자. 그림과 같이 점 B를 잡고, 직각삼각형 ABC를 그려라.

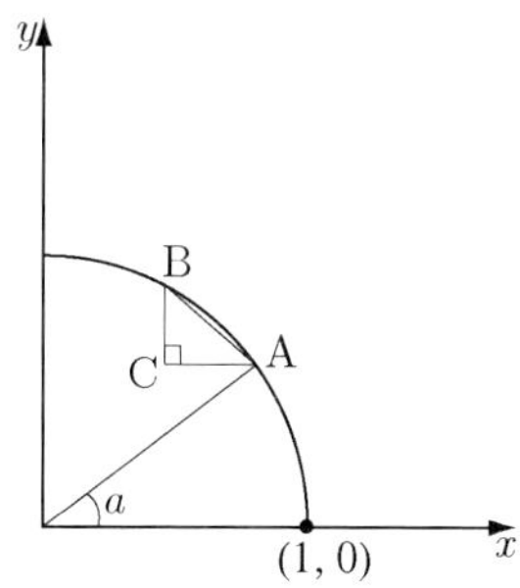

그림 3

점 B가 점 A를 향해 한없이 가까이 간다고 하자. 즉, 호 $\widehat{AB}$ 가 한없이 작아진다고 하자. 그러면

$$\lim_{\overset{\frown}{AB}\to 0} \frac{\overline{AB}}{\overset{\frown}{AB}} = 1$$

이 성립한다. 이 극한값이 1이 됨은 거의 모든 미적분학 책에 증명이 나온다. 그런데, 사실 이 극한값은 곡선의 길이의 정의에 따라서 (증명할 필요조차 없이) 당연히 1이 된다. 일반적으로 곡선의 길이는, 그에 내접하는 선분들의 길이의 합의 (각각의 선분이 한없이 작아질 때) 극한으로 정의한다. 그러니 단위원의 길이를 생각하면, 이 극한값은 당연히 1이 된다.

이제 각 a인 지점에서 사인 함수의 미분은

$$\sin'(a) = \lim_{\overset{\frown}{AB}\to 0} \frac{\overline{BC}}{\overset{\frown}{AB}}$$

이때 ∠BAC의 극한값은 $\frac{\pi}{2} - a$이다. 그러므로 각 a인 지점에서 사인 함수의 미분은

$$\sin'(a) = \lim_{\overset{\frown}{AB}\to 0} \frac{\overline{BC}}{\overset{\frown}{AB}} = \lim_{\overset{\frown}{AB}\to 0} \frac{\overline{BC}}{\overline{AB}} = \sin\left(\frac{\pi}{2} - a\right) = \cos a$$

각 a인 지점에서 코사인 함수의 미분은

$$\cos'(a) = \lim_{\overset{\frown}{AB}\to 0} \frac{-\overline{CA}}{\overset{\frown}{AB}} = \lim_{\overset{\frown}{AB}\to 0} \frac{-\overline{CA}}{\overline{AB}} = -\cos\left(\frac{\pi}{2} - a\right) = -\sin a$$

결론적으로 살펴보면, 미분값이 이렇게 나오는 이유는 ∠BAC의 극한값이 $\frac{\pi}{2} - a$ 이기 때문이다. 이것은 바로 점 A에서의 접선이 y축과 이루는 각이 a이기 때문이다. 그러므로 책의 본문에서 말한

것처럼, 접선이 y축과 이루는 각이 a이기 때문에

$$\sin'(a) = \lim_{\Delta\theta\to 0}\frac{\Delta y}{\Delta\theta} = \cos a\ ,\ \ \cos'(a) = \lim_{\Delta\theta\to 0}\frac{\Delta x}{\Delta\theta} = -\sin a$$

라고 표현해도 된다.

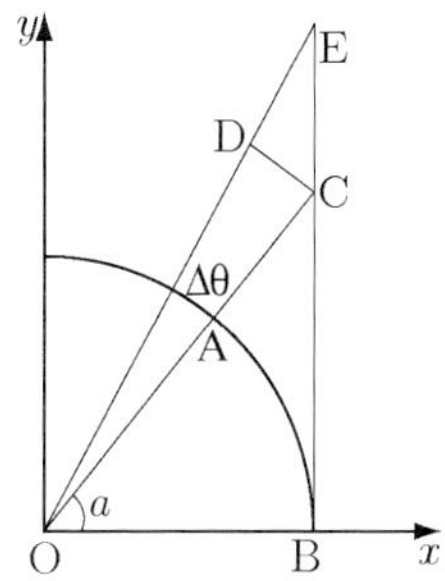

그림4

탄젠트와 시컨트의 미분도 역시 호에 대응하는 현을 그어서 생각할 수 있다. 즉, 책의 본문의 그림에다 현 CD를 추가해 그었다고 하자. 그러면 $\Delta\theta\to 0$ 일 때

$$\lim_{\Delta\theta\to 0}\frac{\overline{CD}}{\overset{\frown}{CD}} = 1$$

이고, 이때 ∠EDC의 극한값은 $\frac{\pi}{2}$가 되고, ∠ECD의 극한값은 a가 된다. 그러므로 이때

$$\lim_{\Delta\theta\to 0}\frac{\overline{CE}}{\overset{\frown}{CD}} = \lim_{\Delta\theta\to 0}\frac{\overline{CE}}{\overline{CD}} = \sec a\ ,\ \ \lim_{\Delta\theta\to 0}\frac{\overline{DE}}{\overset{\frown}{CD}} = \lim_{\Delta\theta\to 0}\frac{\overline{DE}}{\overline{CD}} = \tan a$$

가 된다. 그러므로 탄젠트 함수의 미분이

$$\tan'(a) = \lim_{\Delta\theta \to 0} \frac{\overline{CE}}{\Delta\theta} = \lim_{\Delta\theta \to 0} \frac{\widehat{CD}}{\Delta\theta} \frac{\overline{CE}}{\widehat{CD}} = \sec a \sec a$$

임이 엄밀하게 증명된다. 시컨트 함수의 미분

$$\sec'(a) = \lim_{\Delta\theta \to 0} \frac{\overline{DE}}{\Delta\theta} = \lim_{\Delta\theta \to 0} \frac{\widehat{CD}}{\Delta\theta} \frac{\overline{DE}}{\widehat{CD}} = \sec a \tan a$$

도 마찬가지이다. 즉, 이 미분 방법이 엄밀하게 성립하는 것이다.

그리고 사인 함수와 코사인 함수가 연속임은 다음과 같이 증명할 수 있다. 이전의 그림에서

$$\overline{BC} \leq \widehat{AB}$$

가 성립한다. 그러므로 어떠한 (아무리 작은) 양수 ϵ 에 대해서든, 그에 대응하여 양수 δ를 $\delta = \epsilon$이라 잡으면,

$$|\Delta\theta| < \delta \text{ 이면 } |\Delta y| = |\Delta \sin| < \epsilon$$

이 성립한다. 그러므로 사인 함수는 연속이다. 코사인 함수가 연속임도 마찬가지 방법으로 증명할 수 있다.

『위대한 과학자들의 위대한 실수』 (이무현)
YTN SCIENCE [과학, 책을 만나다]에 소개!

YTN SCIENCE

과학 책을 만나다

2014년 3월 5일,
YTN SCIENCE [과학, 책을 만나다]에
소개되었습니다. 궁금하신 분은
교우사 홈페이지 게시판을 통해서
보시기 바랍니다.

위대한 과학자들의 위대한 실수

초판 인쇄 2013년 7월 15일
초판 2쇄 발행 2023년 10월 10일

지은이 / 이무현
펴낸이 / 오판근
펴낸곳 / 교우사
출판등록 / 1994년 3월 24일 제6-0256호
수소 / 서울특별시 동대문구 약령시로 8 교우빌딩 2층
전화 / 02)925-2861(대표), 02)925-2825(편집부)
팩스 / 070-7966-8610

kyowoo@kyowoo.co.kr
http://www.kyowoo.co.kr

ISBN 978-89-8172-993-6 (03400)

가격 15,000원